「テレビは見ない」というけれど

エンタメコンテンツをフェミニズム・ジェンダーから読む

西森路代
清田隆之
松岡宗嗣
武田砂鉄
前川直哉
佐藤 結
岩根彰子
鈴木みのり
青弓社編集部［編著］

青弓社

「テレビは見ない」というけれど——エンタメコンテンツをフェミニズム・ジェンダーから読む

目次

第2部　ドラマとフェミニズム・ジェンダー

装画――朝野ペコ
装丁――Malpu Design［清水良洋］

まえがき

青弓社編集部

本書では、テレビのコンテンツのうちバラエティーとドラマに光を当てて、フェミニズムやジェンダーの視点から多角的に論じる。第1部「バラエティーとフェミニズム・ジェンダー」と第2部「ドラマとフェミニズム・ジェンダー」の二部構成で、各章では具体的なバラエティー番組やワイドショー、テレビドラマ、海外ドラマ、さらに国内外の映画も取り上げている。

この「まえがき」では、テレビをめぐる状況や本書の問題意識を簡潔にまとめたい。

若者は「テレビ離れ」しているのか

「テレビは見ない」「若者のテレビ離れ」など、テレビの苦境を伝える言葉は世の中にあふれているし、放送業界でも危機感をもって捉えられている。まず、「若者のテレビ離れ」の実態がどのようなものか、総務省が二〇二〇年に発表した「情報通信白書」から見てみよう。

十三歳から六十九歳までの男女千五百人を対象に、一日の主なメディアの利用時間を調査したところ、テレビ視聴は約百六十一分であるのに対して、スマートフォンやパソコンなどの機器を問わずインターネットの利用時間は約百二十六分で、全メディアのなかでテレビがトップになる結果である。

しかし、これはあくまで「全年代」であり、年代別に見ていくと、テレビが抱える課題、そして現実が如実にわかる。十代のテレビ視聴時間は、二〇一五年の約九十六分から一九年には約六十九分に減少しているのに対して、ネットの利用時間は約百十二分から約百六十八分へと増加している。利用時間がテレビよりもネットが多い現象は二十代と三十代も同様で、四十代以降からはネットよりもテレビの利用時間が多くなり、六十代ではテレビが約二百六十分、ネットが約六十九分になっている。[1]

また、NHK放送文化研究所のある論考は、二十代のテレビ視聴の変化をいくつかの調査から明らかにしている。それによれば、二〇〇九年、一四年、一九年で比較すると二十代で「週に一度もリアルタイムでテレビに接触しない人が〔減少を続け二〇一九年では：引用者注〕約三割」「毎日視聴したり、長時間視聴したりするヘビー・ユーザーが減少」「リアルタイムの代わりにタイムシフト〔録画：引用者注〕視聴が増えたわけではない」[2]と指摘している。

これらから、十代と二十代を中心にテレビを積極的に（あるいは長時間）視聴しない傾向が増加していることを読み取ることができる。

だが一方で、「若者のテレビ離れ」自体は、近年になって語られ始めたことではない。「朝日新聞」「読売新聞」「日本経済新聞」に載った「テレビ離れ」という言葉を含む記事数を調査した論考は、「二〇〇〇年代半ばから増加傾向にあるが、七〇年代から継続的に使われている」[3]と指摘している。

一九七〇年代から語られ続ける「テレビ離れ」という言葉に、しかしいま私たちがあるリアリティーを感じるとしたら、多様な映像コンテンツを個々人がスマートフォンやタブレットで選択できる環境が整っていることが要因として挙げられるだろう。「YouTube」「TikTok」などの無料の動画共有サイト、「TVer」「GYAO!」などの無料の動画配信サービス、「Amazon プライムビデオ」「Netflix」などの有料の動画配信サービス――テレビ以外のコンテンツの制作・配信元が増えて、テレビの位置づけが映像メディアのなかで相対化されていることが、いま感じる「テレビ離れ」の背景にあるのではないかと思う。

さらに映像以外にもゲームやSNS（会員制交流サイト）、音楽など、ほかのジャンルのコンテンツもより身近になっている。さまざまなところで指摘されているが、テレビは、新しい各種サービスと時間の奪い合いをしなければならない状況になっていることも「テレビ離れ」を感じる一因だろう。

テレビにこだわる理由

この映像コンテンツをめぐる状況をふまえてなお、本書では「テレビ」にこだわってみたい。冒頭で紹介した「情報通信白書」の結果でも、全年代で見れば、テレビはインターネットよりも利用時間が多かった。また、インプレスが二〇二〇年五月におこなった調査（複数回答）でも、最も視聴する映像・動画はリアルタイムのテレビ番組、次いで録画したテレビ番組、動画共有サービス、無料の動画配信サービス、有料の動画配信サービスという順である。(4) 加えて、二〇一九年のある調査では、テレビの保有状況は九〇パーセントを超えていて、なおかつ年代別に差異がほとんどない。[5]

確かに、SNSでは「テレビはもう見ていない」という言葉を目にする機会はたびたびあり、テレビというメディアやそのコンテンツに距離を感じる瞬間もあるだろう。だとしても、多くの人々は家のなかでテレビに日常的に接していて、「ながら視聴」「専念視聴」の違いはあれど、テレビを見ているとも言える。[6]「テレビは終わった」「いまは「YouTube」やSNS、サブスクリプションの時代」と単純化して論じるのは、避けなければならないと思うのだ。

前置きが長くなったが、本書では以上のようなテレビをめぐる環境を前提にして、テレビが制作して発信するコンテンツに注目する。「若者のテレビ離れ」や「テレビは見ない」という言説が語られるとき、視聴環境やライフスタイルの変化と同時に、テレビが提供するコンテンツそのものにも問題や要因があるのではないかと思う。例えば、テレビのコンテンツをめぐってSNSで「炎上」する瞬間を日々目にする。「炎上」には、「やらせ」などの演出、差別的な表現、マイノリティへの配慮のなさ、コンプライアンスなどさまざまな問題が複合的に絡んでいて、視聴者、そして社会全体の価値観の変化にテレビが対応しきれていないと感じることも多い。そのテレビの状況をたびたび目にすることで、次第にテレビを見なくなっていった視聴者もいるはずだ。

だからといって、日常生活に根づき、多様なジャンルのコンテンツを提供しているテレビを、「見る／見ない」という二者択一で捉えていいとは思わない。テレビの影響力がいまだに大きいからこそ、むしろ「見る／見ない」という両極の間に立ってテレビのコンテンツに向き合い、番組や番組内のサブコンテンツ、あるワンシーンを個別に取り上げてそれぞれを検証して、問題点を何度でも指摘していくことが必要だろう。同時に、コンテンツがもつ可能性があれば、丁寧に拾い上げていくことも大切だと思う。よくも悪くも、話題になってもすぐに新しいそれへと取って代わる現在、複数の視点からテレビをじっくり語る場を作りたいと考えたのだ。

フェミニズムやジェンダーという視点

本書はこうした問題意識に立って、昨今大きな注目を集め、また社会的な課題でもあるフェミニズムやジェンダーの視点からテレビのコンテンツを読み解いていく。テレビのコンテンツに表出している問題点や内包する可能性を、さまざまな書き手がそれぞれの視点で言語化する試みである。(7)テレビのコンテンツは多くあるが、本書ではバラエティーとドラマを中心にしたエンターテインメントコンテンツを問い直そうと思う。バラエティーとドラマは一日のうち特に視聴者が多い時間帯である「プライムタイム」(十九時から二十三時まで)に多く放送されていて、放送後も視聴率という指標とともに語られ、「どれくらい見られたか/見られなかったか」「どこがどう面白いか」などが話題になりやすい。制作者が多くの視聴者を想定するエンターテインメントコンテンツをジェンダーやフェミニズムの視点から読み込み、例えば「このドラマの重要性はどこにあるのか」「バラエティーの笑い声やドラマのワンシーンが誰かを傷つけていないか」など、各執筆者が独自の視点でつぶさに論じていく。

そのプロセスで、男性中心的な構造、マジョリティの特権性、性別役割の固定化・再生産、性差別、マイノリティへの無理解など、日本社会が抱えるさまざまな問題をコンテンツに見いだしていくにちがいない。一方で、それらにあらがう個人の声や振る舞い、抑圧の打破を目指す連帯、次世代の可能性も浮き彫りにできるはずである。

もちろん、本書はテレビの問題点や可能性を論じる一つの試みにすぎない。テレビを擁護するのでもなく突き放すのでもなく、「いま」のテレビを、そして「未来」のテレビを考えるために——。「多様性の時代」といわれるなかで、本書の執筆者たちのテレビへの視線が、誰もが楽しめる新たなテレビの可能性を探るきっかけになれば幸いである。

＊

最後に、本書の成り立ちについて簡単に説明する。本書は当社編集部が企画して各執筆者に依頼したが、依頼前に西森路代さんに相談して、内容などについてアドバイスをもらい力も貸してもらった。また、その経緯もあって、当社から「あとがき」の執筆を西森さんにお願いした。

＊

執筆や制作に関していえば、執筆者によっては対象になるコンテンツを見ること自体が負担だった方もいるだろうし、章によっては読者への丁寧な説明で言葉を重ねるなかで、当初の原稿分量から増やさざるをえなかったものもあり、執筆にかかった時間も手間も一様ではなかった。これらの不均等を含めて、執筆に関して私たちがどこまでサポートできたかは心もとなく、行き届かなかった点は当社の力不足でしかない。

さらに、本書はフェミニズムや、ジェンダーという視点、ＬＧＢＴをはじめ性的マイノリティに関する政治性にも連なる内容であるため、執筆者が執筆テーマなどについて語り合い、相互に認識を深める場を設けられればベストだっただろう。だが、執筆者全員が確定したタイミングや対象にするテレビ番組の時事性、編集のスケジュールの都合でそれはかなわなかった。

以上、本書にもさまざまな面で限界があることを率直に認めながら、それらを課題として向き合い、今後の企画・編集に生かしていきたい。各論考を読み、執筆者とやりとりをするなかで、私たちもさまざまな点を学ぶことができた。その意味でも、企画段階で尽力してもらった西森さんはもちろん、寄稿してくれたすべての執筆者に深く感謝を申し上げる。

なお、当然だが、本書のコンセプトや編集に関する責任は当社にあることをひと言添えておく。

注

（1）「令和2年 情報通信白書」の「第2部 基本データと政策動向 第5章 ＩＣＴ分野の基本データ 第2節 ＩＣＴサービスの利用動向」（https://www.soumu.go.jp/johotsusintokei/whitepaper/ja/r02/pdf/n5200000.pdf）［二〇二一年三月二十九日アクセス］

（2）斉藤孝信「メディア多様化時代の20代とテレビ」「放送研究と調査」二〇二〇年二月号、ＮＨＫ放送文化研究所、一二ページ

（3）飯田豊「「テレビ離れ」のメディア論」、日本民間放送連盟編「民放」二〇二〇年五月号、日本民間

放送連盟、一二ページ

（4）「有料の動画配信サービス利用率は21.5%、COVID-19の影響でネット動画利用が大幅増――動画配信に関する調査結果2020」インプレス総合研究所、二〇二〇年七月十四日（https://research.impress.co.jp/topics/list/video/608）［二〇二一年三月二十九日アクセス］

（5）「テレビ視聴実態調査（2019年3月）」LINE リサーチ、二〇一九年七月九日（https://www.linebiz.com/jp/column/research/190709/）［二〇二一年三月二十九日アクセス］

（6）地上波デジタル（テレビ）は「ながら視聴」の割合が多く、動画配信サービスは「専念視聴」している割合が高いという調査結果がある。「動画配信サービス利用実態調査」theTradeDesk、二〇二〇年十二月一日（https://pages.thetradedesk.com/connectedtv_japan.html?&utm_source=story_design_house&utm_medium=direct_digital&utm_campaign=press_release）［二〇二一年三月二十九日アクセス］

（7）近年、テレビコマーシャルやPR動画をジェンダーの視点から読み解く研究も発表されている。瀬地山角『炎上CMでよみとくジェンダー論』（光文社新書）、光文社、二〇二〇年、村田玲子／田中東子「CMのジェンダー表現はなぜ炎上しがち？――広告、性役割規範、視聴者の多様な読み」、石田佐恵子／岡井崇之『基礎ゼミ メディアスタディーズ』世界思想社、二〇二〇年

第1部　バラエティーとフェミニズム・ジェンダー

第1章

第七世代が浮き彫りにするテレビの問題点

西森路代

　第七世代という言葉は、お笑い好きの人はもちろんのこと、そうでない人にもある程度浸透してきたのではないだろうか。このお笑いの「第○世代」というのは、とんねるず、ダウンタウン、ウッチャンナンチャンらが活躍した一九八〇年代に生まれた言葉で、彼らを第三世代と呼んだことから、その一世代前のツービート、紳助・竜介、B&Bらを第二世代、それより前の演芸ブームの芸人たちを第一世代と呼ぶようになった。

　その後、しばらくはこの「第○世代」という呼び方を見なくなったが、現在の若手芸人たちが台頭してきたことで、また使われるようになってきた。

　現在のこの言葉の使用については霜降り明星のせいやが言い出しっぺとされているが、本人は、スポーツなどをひっくるめ二十代の同世代について語ったにすぎず、お笑いを世代で区切るのは難しく、お笑いだけを「第七世代」とくくったのではない、と自身のラジオ番組で語っている。ただ、二〇二〇年の流行語大賞で「第七世代」という言葉がノミネートされるかと思いきや、女性芸人のぼる塾・田辺のギャグ「まぁねぇ」のほうがノミネートされていたことをせいや自身が自虐的に語っていたりするため、言い出しっぺであることを完全に否定しているわけでもないのだろう。

個人的には、世代でお笑いを区切ることはある意味では無意味で、ある意味では重要なことだと思っている。私自身は、単に批判的な文脈で世代を区切って単純に語りたいわけではないし、その「言い出しっぺ」も（実はそうではないからこそではあるが）、必要以上にそれを背負うこともないと思うのだが、当事者からすると、責任や重圧を感じる部分も大きいのかもしれない。

また、彼らからすると、そうやってキャッチーに、そして「雑」に区切られることで、一つの色がつけられ、消費されることへの危惧もあるのかもしれない。そうした危機感を察知することは、「世代」に限らず、現代では避けられないことにも思える。

そんなこともひっくるめ、本章では、第七世代と呼ばれるお笑い芸人たちが出現したことで見えてきた新たな価値観と、彼らが現れたことでそれ以外の世代のお笑い芸人たちにどんな影響があったのか、またそこから見えるテレビの問題点について考えたい。

1　ネタだけでなく先輩に物申す姿で注目された第七世代

お笑いには、それぞれ世代を代表する番組がある。例えば第四世代であれば、『ボキャブラ天国』（フジテレビ系、一九九二―九九年）、第五世代なら『エンタの神様』（日本テレビ系、二〇〇三―一〇年）などが挙げられるだろう。それを第七世代に当てはめるとしたら、代表的なものとして二〇一七年四月にスタートした『ネタパレ』（フジテレビ系）があるのではないだろうか。

この番組は、金曜の二十三時台に放送されている三十分番組で、当初はロバート秋山や友近、レイザーラモンRGなど、中堅どころの芸人が数多く出演していた。また、最初のうちはむしろ、野生爆弾のくっきーや、アルコ&ピースの平子によるピンネタが話題になっていたのだが、次第に、東京ホテイソンや宮下草薙、四千頭身、EXIT、レインボーなどの若手が台頭してくる。

こうした新世代の芸人にスポットライトを当てる番組としては、毎年、年始に放送される『ぐるナイおもしろ荘SP』（日本テレビ系、二〇一〇年―）もあるだろう。二〇一八年一月の放送には、レインボー、吉住、宮下草薙、東京ホテイソンなどが出演。また、『ゴッドタン――The God Tongue 神の舌』（テレビ東京系、二〇〇五年―）の「この若手知ってんのか!?2018」（二〇一八年七月七日放送）には、宮下草薙、EXIT、四千頭身が出演した。この回では、宮下草薙の草薙が自分でネタを作りながらも、そのネタを飛ばしてしまい、独特の空気を醸し出す場面が放送され、彼らのネタだけでなく、その独特なキャラクターが視聴者により伝わる作りになっていた。

またこの番組では、EXITが見た目はチャラいというキャラクター性を押し出しながら、お互いにかつては別の相方とコンビを組んでいて諸事情で解散していまがある、というエピソードを披露した。そのことによって、りんたろー。は、「コンプライアンス、ゴリ守り芸人」に変わったとし、「やっと手にした環境なんで、そんなもんを、俺のくだらねぇ一瞬の欲望で失うと思ったら、よっぽどのことじゃないかぎりいきたくないんですよ」と発言した。

　こうした言動からも、表向きはチャライが、実は真面目という彼らのキャラクターが視聴者にも浸透した。同番組に出演した劇団ひとりからは「一分でつかまれた」、矢作からは「未来の芸人に出会った感じ」「真っ白なキャンバスだね」との評価を受けたのだった。

　第七世代というのは、ネタはもちろん新鮮で面白いが、それ以上に、彼らの価値観の新しさが注目されているところも大きい。その後、第七世代の個性は、ゴールデン時間帯のバラエティー番組でもフィーチャーされることになる。先輩芸人とのやりとりのなかで、徐々に彼ら独特の考え方が明らかになっていくのだ。

『ホンマでっか⁉ＴＶ』（フジテレビ系、二〇〇九年―）の二〇二〇年一月二十二日の放送には、宮下草薙と霜降り明星が出演した。「私たち怒っています‼」というテーマのトークで草薙は、食事会をするときに年上の人はなぜすぐに女性を呼ぼうとするの？という疑問を呈し、「女性を呼ぶと女性のほうばかり見ていて、だったら帰らせてくれよとなる」と訴えた。番組では専門家が、さりげなくその場を立ち去るテクニックを教えていたが、自分ではなく後輩にビジネスではなく接待させるような目的で女性を呼ばせるという行為は女性蔑視やパワハラ（パワーハラスメント）にもなりかねない。そして、こうした行動は、完全にホモソーシャルのしぐさである。

　これまでの後輩芸人は、明石家さんま世代の先輩たちに面と向かってこうした苦言を呈することは難しかった。理不尽な目にあったとき、たいていの芸人、いや芸人に限らず多くの人は、上司や先輩に嫌われないように気を使いながらなんとかやりすごしてきたものである。『ホンマでっか⁉

TV』の専門家の、文句をいうのではなく、さりげなくズラしなさいというアドバイスがそれを表している。しかし、宮下草薙のように、こうした古い風習を純粋な疑問のなかで訴えることができる芸人が出てきたことで、あしき習慣に対して小さな風穴を開けることにつながってきているとも思える。

こうした第七世代が年長者、特に明石家さんまなどに物申す企画は話題にもなりやすいし、視聴者も飛び付くと制作側も判断したのだろう。『踊る！さんま御殿‼』（日本テレビ系、一九九七年—）や『アメトーーク！』（テレビ朝日系、二〇〇三年—）でも、第七世代vs明石家さんまという構図の回が、何度も放送されるようになった。

2 仲が良くなった芸人たち

第七世代に見られる特徴としては、コンビの仲の良さは芸人としてのマイナスポイントではないと感じていることがあるだろう。かつてであれば、コンビというのは仲が悪いものとされてきたし、コンビ間格差が生まれやすく、そのせいでコンビ間に距離ができることも多かった。例えば、第二世代の漫才師たち——紳助・竜介にしてもツービートにしても——ボケの紳助やビートたけしは、漫才ブームが去ったあとでもピンで司会をしたりレギュラーをもったりすることも多かったが、ツッコミの相方は同じような活躍はできなかった。

当時一世を風靡した『オレたちひょうきん族』（フジテレビ系、一九八一—八九年）では、ビートきよし、松本竜介、島田洋八というツッコミの三人が「うなずきトリオ」を結成し、大瀧詠一プロデュースで「うなずきマーチ」（作詞・作曲：大瀧詠一）という曲までリリースした。こうしたエピソードを聞くと、目立たないツッコミにもスポットライトが当たっていたのではないかと思うかもしれないが、目立ったエピソードはこれくらいで、現在の「じゃないほう芸人」よりも、さらに活躍の場は少なかったように思う。

その後のダウンタウンの台頭によって、「クラスの人気者はおもんない」とか「コンビは仲が悪いもの」というような芸人の常識が独り歩きするようになり、実際にそれを倣う芸人が増えた。しかし、そんな風習とは裏腹に、ダウンタウンにしても、ウッチャンナンチャンにしても、ボケだけでなくツッコミも同様に長く人気者である時代が訪れる。それどころか現在では、ツッコミの重要性が年々強くなり、むしろボケよりもツッコミのほうが仕切り上手で司会業に向くという見方が強くなってきている。今後もそれが続くかどうかはわからないが、いまやMCをすることが芸人のゴールでもある。ある意味、いまはツッコミ優勢の時代になったのだなと感じる。

また、現在のコンビは、どちらかが先にスポットライトが当たっても、次にはもう一人にスポットライトが当たるときがくることを知っている。それを客観的に知っているからこそ、どちらがより目立つかという競争をせずにすんでいる。そのぶん、一人だけが目立っておいしい思いをしたところで、それだけではコンビとして長期的に安定した活躍ができるわけではないということもわかっているのだろう。見えないところではコンビでけんかもしているとは思うが、お互いでともに歩む運命共同体だと意識できないと、自分たちの生存戦略としてもいいほうには向かわないと思うようになってきたのではないか。

しかし、その価値観は、ほんの数年前までは当たり前ではなかった。例えば、仲が良くそのことで女性に人気があるコンビは、「女子受け」を狙っているとか「ビジネス」で仲良しをやっているとやゆされることもあったし、ドラマにもなった森田まさのり原作の『べしゃり暮らし』（集英社、二〇〇五―一九年）という漫画では、やはり先輩芸人が舞台以外では目も合わせないというシーンもあった。

現在、『アメトーーク！』では、ときおり「相方大好き芸人」というテーマの回も放送され、コンビは仲が悪いものというイメージはほぼ払拭されたようにも思える。

仲が良くなったのはコンビ間だけではない。かつてはコンビ対コンビの間でもバチバチした空気もあったというが、現在のお笑いブームによって芸人が出演する場があまりにも多くなったし、その出演者の人数も増えた。つまり、芸人たちがバラエティー番組のひな壇に座る機会が多いために、誰かと誰かが仲が悪いということは、芸人として分が悪くなった。もしひな壇で対立を演じさせられるにしても、それはそういう体を演じているだけで本当に仲が悪ければ笑いにはなりにくい。そんなこともあって、大人数で一つのものを作るという目的からしても、シャレにならないほどの仲の悪さは表向きには感じられなくなった。

3　実は盤石な六・五世代

第七世代が台頭した陰で、じわじわと追い上げてきたのが第六世代や六・五世代の面々である。『アメトーーク！』では、二〇二〇年二月二十七日に「僕らビミョーな六・五世代」というテーマの放送があった。出演者はジャングルポケットの太田博久と斉藤慎二、かまいたちの山内健司と濱家隆一、パンサーの向井慧、三四郎の小宮浩信、さらば青春の光の森田哲矢、あばれる君。という面々だ。いずれも十年以上活躍し、年齢も三十代以上の芸人たちだ。

ここには出ていないが、ニューヨークなども、この六・五世代として第七世代を意識している「ふう」に振る舞う芸人である。本人は自分たちのことを六・九世代と言っている。「ふう」といっているのは、もしかしたらいまや彼らは彼らで自分たちの立ち位置のほうがむしろ生き残るのに強いと考えているのかもしれないが、あえて第七世代を仮想敵のように振る舞っているように見えるからである。べつにそれが悪いというわけではない。角度をつけるほうが、見るほうにも印象が残るし、「新しい価値観だ」なんだとポジティブすぎる評価ばかり得ていて褒め殺し状態になりかけている第七世代にも、こうした仮想の「敵」がいるほうが、逆に肩の荷が下りる感覚もあるかもしれない。

実際、「僕らビミョーな六・五世代」の放送では、ひな壇の一段目に第七世代の霜降り明星やE

XITや宮下草薙の草薙、四千頭身、ハナコの等身大パネルが置かれ、濱家は「第七世代という言葉を作ったからこんな窮屈なことになってるんです」と言ってせいやのパネルを責めていた。こうしたアングルを作られてしまったからこそ、せいやは、厳密に言うと自分が第七世代の言い出しっぺではないと言うしかないのだろう。

自分たちにスポットライトが当たらず、不遇ぶりをネタにしている六・五世代だが、実はいまテレビで最も生き生きしているのは、かまいたちやニューヨークなどの六・五世代、もしくはギリギリ第七世代に入らない面々だろう。かまいたちは、二〇二〇年後半以降、『かまいガチ』(テレビ朝日系、二〇二〇年―)や『千鳥vsかまいたち』(日本テレビ系、二〇二一年―)など、東京キー局で自分たちの名前を冠した番組が続々と始まって千鳥に続けとばかりに活躍しているし、ニューヨークも『M―1グランプリ』(テレビ朝日系、二〇〇一年―)や『キングオブコント』(TBS系、二〇〇八年―)の常連で実力もセンスも感じさせる。

彼ら以外でも、コンテストの結果を見れば、二〇一八年こそ霜降り明星やハナコが『M―1グランプリ』や『キングオブコント』を制してまさに第七世代が快進撃を見せたものの、一九年、二〇年は結果的にはミルクボーイ、マヂカルラブリーが『M―1グランプリ』を制し、どぶろっく、ジャルジャルが『キングオブコント』を制した。つまり近年、コンテストで実力を発揮したのは、実は第六世代もしくは六・五世代なのである。

また、六・五世代のエピソードをよくよく聞いていると、第七世代に対して文句を言っているのではなく、第七世代というわかりやすくくくられた若くて活きがいい芸人たちが人々の目を引き、使いやすくキャッチーだからテレビで消費されていて、その陰にいる自分たち六・五世代芸人たちが正当に評価されないことに文句を言っているようにも思えるのだ。六・五世代芸人も第七世代芸人も、同じようにテレビや視聴者に翻弄されていて、それに対して抵抗しているだけなのかもしれない。世代を問わず、芸人は正当に評価されたいだけなのではないのか。

だからこそ、二〇二一年に入ってからの第七世代は、もう自分たちは飽きられているのではないかと泣き言をいうことが多くなってきた。『アメトーーク！』の「今年が大事芸人」で、宮下草薙の宮下も「お笑い第七世代という、ひとくくりにすることによって、このまま、全員が……」と言いかけたところで相方の草薙に「一回休もう」「すごい空気になる」と全力で止められていた。こうしたやりとりも彼らの危機感によるものなのではないか。

4　第七世代は、ただ「人を傷つけない」だけの存在なのだろうか

二〇一九年は、前述のように『キングオブコント』ではジャルジャルが優勝。『M―1グランプリ』ではミルクボーイが優勝し、最終決戦にはかまいたちとぺこぱが残った。ミルクボーイやぺこぱは、コンテストで注目されるまでは一般的には無名に近かった。そのフレッシュさから第七世代的な扱いをされることもあるが、それぞれ十年以上も活躍する三十代の第六世代もしくは六・五世代とくくってもいい芸人たちである。

特に二〇一九年の『M―1グランプリ』は、ミルクボーイが「おかん」が忘れたある物事を相方が探っていくネタだし、ぺこぱのネタはすべてのことを許容するツッコミが特徴的で、誰かを傷つける要素が皆無だ。そのこともあって昨今の新しいお笑いは「人を傷つけない」と言われるようになり、それを第七世代にも当てはめられ、この時代のお笑いを象徴する言葉になってきた。

確かに第七世代のハナコやかが屋、四千頭身などのネタは、特に人を傷つける部分がない。宮下草薙は、草薙が友人からの誘いの裏に何か罠が仕掛けられているのではないかと疑ってかかるところを、宮下が諭すようなネタだ。だから「誰も傷つけない」というのは、当てはまることなのではないかとも思う。

しかし、観客の反応にはさまざまなものがある。なぜか「人を傷つけないネタ」に対して拒否反応を示す人も多いのだ。「人を傷つけない」ということは、決して悪いことではないのに、お笑いに限らず、いぶかしげな目線を投げかける者は多い。特に男性には、「優しい」「傷つけない」ということに、どこか自分の骨を抜かれてしまったような心もとなさを感じたり、毒やある種の暴力的な部分を去勢されてしまったように感じてそれを情けないと思い、毒や暴力性を取り戻すべきだと考える人は多いように感じる。

もちろん、男性は生まれながらにして暴力性や毒が宿っているというわけではない。社会的に、男性には「毒」や「暴力性」が必要だとされることが多いというジェンダー観の影響が大きいということはあるだろう。だから、女性でも、「人を傷つけない」ネタに疑問をもつこともありうる。例えば少し前のAマッソのネタを見ると、「毒」や「暴力性」を自らの笑いに必要なものと考えているように思う。二〇二一年一月十三日の『有吉の壁』(日本テレビ系、二〇二〇年—)では、Aマッソの二人が記者に扮してぺこぱに取材する体でのミニコントで「誰も傷つけない笑いがはやったことによって傷ついた芸人がいっぱいいいましたが」という質問を突き付け、ぺこぱを困らせて笑いにしていた。

「暴力」は人間、特に男性や芸人には必要不可欠なもので、芸人はそれを表現しないといけないものだと考え、「優しさ」や「品行方正」のほうに向かうと「暴力性」を失っているように感じて、芸人にあるまじき姿だという気がしてしまう者もいるのではないか。

「暴力」や「毒」を抜かれることを過剰に恐れるこのような態度は、社会にも存在している。芸人たちの態度がそれにつながるとは言わないが、ポリティカルコレクトネスに従う態度をどこか嘘くさいものと断定したり、コンプライアンスがうるさいから表現の幅が狭まるといったりする言説はインターネット上に蔓延している。もしそれを指摘すると「話がわからない」とか「PTAのようだ」とやゆしたり、もっと直接的に攻撃的なリプライを寄せるものも存在している。

しかし、ポリティカルコレクトネスに従って差別的な言動を抑える行動は、嘘くさく、自身の本当の気持ちから出ていない偽善的なものなのだろうか。そう考えるならば、あまりにも差別されている側を見ていないのではないだろうか。世の中には、ポリティカルコレクトネスに「従ったように見える」行動が、自らの身体から出た嘘がない行動である人もいるのではないか。他人のために「善」で行動することと嘘があまりにも強く結び付けられているし、逆に自身の利己的な部分に嘘をつかず、自分のなかの「悪」に目を向けることこそがリアルであるとされすぎているのではないか。もちろん、表現として「悪」を突き詰められればそれはリアルになるが、単に「悪」をちらつかせて自己満足をするだけではリアルにはほど遠い。

ただ、「誰も傷つけない」ネタをそれだけで「やさしい」と思考を停止してはいけないことも考えるべきだろう。どちらの意見も尊重するという態度でいると、もしも誰かを差別などで傷つける行為があり、それに対して批判があったときに、どちらも悪くないとしてしまうことにもつながる。このとき「どちらも悪くない」とすることは、差別で傷つけた側を擁護することにもなりかねない。

5 「誰も傷つけない」ネタへのカウンター

二〇二〇年の『M―1グランプリ』のネタを見ていて印象に残ったのは、一九年の「誰も傷つけない」ネタに対するカウンターで作られたネタ、もしくは「誰も傷つけない」ネタとは何だろうとその境界線を考え抜いて生まれたようなネタだった。

まず、決勝戦のその日の午後の敗者復活戦で目を引いたのはトップバッターの金属バットだった。かつて彼らは差別的なネタを披露して非難を浴びたことがあるのだが、この敗者復活戦のネタは、付き合って十年になる彼女と結婚すべきかという相談をボケの小林がツッコミの友保にするというもので、かなり進化している印象をもった。小林はその彼女と価値観が合わないものの、彼女はかいがいしくてかわいらしいところがあり、友保は「こんなええ子はいないから結婚しろ」と促す。

しかし、次第に、その彼女が「コンビニのトイレでトイレットペーパーをパクって、それを転売したお金でイソジンを買い占め」るような「国民の敵」だとわかってくる。

金属バットのモラルを欠いた彼女のエピソードは、コロナ禍でモラルがない行動をとった人々と重なるネタになっていた。それが単に「善悪のあいまいさを表現し、悪を許容するイキがった自分」のアピールには見えないものになっていて、かつての差別ネタよりはいい方向で面白くなった印象を受けた。もちろん、こうした分析が金属バットにとってはやぼなものだということは理解しているのだが、ある程度、彼らが善悪の線引きに従ってネタを作っているように見えたのだ。差別ネタで批判され、世間にそっぽを向いて俺たちはこれでいいのだと居直るのではなく、それなりに自分のなかの「毒」といい意味で向き合っているような印象を受けた。なぜならば、ネタのなかでモラルを破ったものに対して、きっちりとツッコミが入るからだ。

二〇二〇年の『M―1グランプリ』の決勝戦でも同じような傾向が見えた。ニューヨークもまた、彼らの得意分野であるモラルの境界線で笑わせるネタを披露した。地元の同級生と飲みにいったというエピソードから始まるこのネタで、ボケの嶋佐は、一万円札を拾ってラッキーとそのまま懐に入れて生レバーをこっそりと出す店にいき、拾った一万円を賭けて同級生たちと一気飲み対決をし、帰りは酔っ払ったまま自転車で帰ったという話をひょうひょうと語る。それを何とも言えない不安そうな顔で聞く相方の屋敷が「細かい犯罪、気になって話入ってけえへんわ」とツッコミを入れることで笑いが起こる。

後半に屋敷は「『逃走中』〔という番組で芸能人の出演者が〕でリタイヤするだけで炎上するご時世

だぞ」というツッコミも入れる。これは、実際にお笑い芸人のドランクドラゴンの鈴木拓が、『逃走中』（フジテレビ系、二〇〇四年―）という番組で早々にリタイヤして「Twitter」で大炎上したことが思い出される。リタイヤすることはルール上ではもちろん問題はないが、たとえ賞金がもらえなかったとしても最後までチャレンジするほうを選べという圧があるのだ。このネタは、現在の社会が、本来ならとがめられない軽微なことでさえも許容せずに大炎上してしまうという状況を示している。ツッコミの屋敷の倫理観が、現行の法律や社会の価値観を基準にしていて、そこから嶋佐がはみ出すことに対して、一つひとつすべてに突っ込んでいるからこそ、安心して笑える毒になっていると私は解釈している。

そして、金属バットもニューヨークも、向こう側にいけばギリギリ「悪」になるというラインを見せることで、単なる「やさしい」「誰も傷つけない」ネタを脱しているのである。

もちろん、この二本に対しては評価できるが、「悪」のラインを超えることを面白がるネタが彼らから今後出てくる可能性もないとは言えない。しかし、この二本のネタに関しては評価していいのではないかと思う。例えば、暴力を描く映画を考えると納得がいく。単に殴ったり蹴ったりと暴力表現を尽くしてそこにナルシシズムを感じているだけの映画になることはないが、暴力とは何か、人がそこに惹かれるとしたら何があるのかと、その構造を突き詰めるような暴力映画は評価できる。

お笑いでも、モラルを単に破ってやったと自慢するのでは、少し前にはやった「YouTube」の迷惑動画のレベルにしかならない。善悪のラインを見つめずに適当にネタを作っていたら、フェイクニュースのようになるかもしれない。しかし、この二本のネタに限っては、ギリギリのところを突いてやったと悦に入っているのではなく、現代の「モラル」とは何かを突き詰めているように見えて、現時点ではポジティブには捉えることができたし、ネタの精度という意味では、どんどんそのレベルが上がっているように思える。そして何よりも、お笑いには「ツッコミ」があることで倫理観を問える構造になっていることにあらためて気づかされた。

6　嘘をつけない芸人たち

二〇二〇年の『M―1グランプリ』のネタにモラルを問うものが多かったのは、芸人たちがこの社会の複雑さを見つめているからだと思う。それと同時に、最近の芸人、特に第七世代の特徴としては、彼らが「誤解される」ことが嫌いで「嘘がつけない」ということがあるだろう。前述のように、年上世代に対して違和感があればそれをそのままぶつけられるし、自分の意図しないことを、たとえ演出であっても「言わされる」ということに違和感をもつ者は多くなっているのではないか。テレビ局の思惑がどうであろうが、お約束に従わない姿にはときおりドキュメンタリーのような空気が醸し出される。

『アメトーーク！』の二〇二〇年一月三十日放送の「今年が大事芸人2020」には、宮下草薙などの第七世代や、六・五世代にあたる三四郎などが出演した。この回が深く印象に残るのは、ドキュメンタリーのような様相を呈していたからである。多くのコンビは情けない体験などをできあがったエピソードトークとして披露するが、宮下草薙の場合は、事前に作り上げてきたエピソードトークはしなかった。

いつものバラエティーとは違う空気は前半から醸し出されていたが、宮下が先輩の三四郎・小宮がラジオで、自分と重なるキャラクターである草薙をいじるのではなく、恐れる必要がない宮下をいじってくると苦言を呈したときから空気が変わった。すると、小宮が「奇妙だからいじっているだけ」と発言して、それに対して宮下も「だったらいじってみろって、草薙を」と言って一触即発になる。

ひな壇ではなくMC側にいる千鳥のノブは「バラエティーよー」「お客さんいるよー」となだめ、蛍原は、壊れたようにチョケてその場をなんとか収めようとする。大悟だけは「一回、ほんまにぶつかったほうがええかもな」とあの独特の空気で発言していた。ひな壇が混乱を極めたときに草薙は「いいかげんにしろよ」と宮下のボディーに一発入れて、その日の収録がピリピリしているのをいやがり（意外と彼自身もその空気を作っていた部分もなきにしもあらずなのにもかかわらず）、その感情がマックスに達する瞬間に「楽しそうだなって思って芸人になりました」と言うと、隣の宮下が自然と草薙の肩を抱く。もはやお約束とか空気とかそんなものは存在せず、テレビはずっと作り物だったとしても、この瞬間はそうではないと思わされたのだった。

宮下草薙のネタは、こうした二人の関係性がそのまま反映されていることが多い。そこには、なんらかのマイノリティ性をもつ草薙をそれゆえに笑うのではなく、宮下が冷静に包み込むようなトーンが最初から示されていて、それが新しかった。いままでは、一見マジョリティに見える宮下が草薙を包摂するのではなく、草薙が宮下を守ろうとするときさえある。彼は、あるときまでは、このリアルな感覚をいつまでネタとして演じられるのかと心配されていたところがあったが、いまや、そんな心配さえ無用になってきたのは、やはり彼らのネタに嘘がないからではないだろうか。

彼らのネタは、多くの人々に対しては「やさしい」が、いざ権威的な存在（例えば、明石家さんまなど）がいるバラエティーになると決して「やさしい」だけではなく、ときに暴力的でさえある。草薙はよく手が出る。手が出ても許容されているのは彼のマイノリティ性によるもので、彼は多数派の意見やテレビという権力におもねっているわけではないのだ。

7　おもねるネタ／おもねらないネタ

しかし、多数派や権力におもねったネタ、おもねらないネタにはどういう線引きがあるのだろうか。すべてのネタや発言を肯定しているわけではないが、ビートたけしのデビュー当時の「赤信号、みんなで渡れば怖くない」というギャグの本当の狙いを知ってからは、これこそが権力や多数派におもねらないネタだと思った。

このギャグがはやった一九八〇年当時、私は小学校の低学年だったが、それからつい最近まで、悪いことはみんなでやれば文句を言われないと言いたいのだと思っていた。つまり、「悪ぶり」や

「イキリ」を肯定するホモソーシャルなネタだと思っていたのだ。しかし、ビートたけしの『バカ論』（〔新潮新書〕、新潮社、二〇一七年）を読むと、このネタの真意は、みんながみんなやっているからといって安心して赤信号を渡っていると、集団に車は突っ込んでこないかもしれないが、横断歩道以外の場所で何か大変なことが起こっていることに気づくことができない、といっているのではないかと思えたのである。

たけしはこの本の「あとがき」で、集団が「バカ踊り」をしていたら、「真珠湾攻撃やインパール作戦とか、バカとしか思えないことを国を挙げてやっちゃった」と過去を振り返る。たけしは、人々が何も考えないで多数派の意見に流されていると、とんでもないことが起こると警告していたのである。

では、多数派や権力におもねっているお笑いとは何か。思い起こすのは『とんねるずのみなさんのおかげでした』（フジテレビ系、一九九七―二〇一八年）の「男気じゃんけん」である。「男気じゃんけん」とは、じゃんけんをして勝った者が高額商品を買ったりおごったりするというもの。「男気」と付けてあるくらいなので、男性芸人だけがそれに参加して、いやがりながらもお金を出すことで勇敢さを身につけたような感覚を見せているのが当時から理解できなかった。それと同時に、そこに参加する後輩芸人ととんねるずとの上下関係を見ているのもしんどかった。単にお笑い界の上下関係におもねっているようにしか見えないから、その構図は、「男気」があるというよりは（この言葉自体が微妙だが）、長いものに巻かれているとしか見えなかった。

しかし、社会的には、テレビのあしき習慣について異を唱えたり、マイノリティに目を向けるしぐさを「やさしい」けれど「ヘタレ」のように見て、「男気じゃんけん」のような「強がり」や「イキリ」「やせ我慢」を強いる文化のほうが、勇敢だと見なすことが多く、私にはそれが解せないのだ。

　この「男気じゃんけん」でとんねるずにぴったり寄り添っていたのが、おぎやはぎだった。おぎやはぎはラジオで本音を言うことで評価されているが、その「本音」は社会のニュースや噂話に関する世論のカウンターや逆説であることが多く、彼自身も『あちこちオードリー――春日の店あいてますよ？』（テレビ東京系、二〇一九年―）の二〇一九年八月三日の放送で、『バイキング』（フジテレビ系、二〇一四―二〇年）で共演していたホラン千秋とともに出演し、ホランが、なかにはどうでもいいニュースがあるが「どうでもいい」と言うと仕事にならないために本音を絞り出す、というと、小木もそれに共感している。この姿勢は、嘘でも何か絞り出すことがテレビでは重要だというものととっていいだろうし、現行のテレビ番組にはそうしたものが多いと思っていいだろう。

　彼は最近、娘の成長についてエピソードを語って批判されることになったが、これは彼にとっては珍しいくらいの本音中の本音だろう。父親と母親が子どもの成長に複雑な気持ちを感じることに関しては責めることではないだろう。しかし、娘の成長をリスナーに「さらす」という点では、やっぱり娘の目線について考えていなかったのだと思う。また、自分のことを「ブス」と思って生きろと娘にいっている理由については、美醜で判断され、ちやほやされてそこに乗っかっていたのでは、はしごを外されてしまうことがあるから、美醜にとらわれないで生きてほしいということだ、とあるとき言っていて、それについてはある程度まっとうなのではないかと思われた。

こうして一つひとつの是非を言及するのは、すべてを一緒くたにして断罪していたのでは論旨があやふやになり、単にそれを批判している「フェミニズム」が悪者にされてしまうからである。それに対して、彼や彼を支持する人は「ヒューマニズム」や「愛情」で批判をチャラにすることもできる。そうならないためにも、一つひとつの是非を見ることこそが重要なのではないか。

しかし、彼を見ていると、こうして何かしらテレビというものが成立するために、無理してカウンターを仕掛けて、「本音」でもないことを「本音」っぽく語ることに本当は疲れているのではないかとも思えてくるのだ。

8 「テレビはあおって見るような時代じゃない」

テレビやラジオではいつの時代も「本音」は重要なものだが、その「本音」に求められるものが変化していると感じる。これまでは、ワイドショーで番組のことを考えて逆張りのことを言うような態度をテレビは「本音」と見なしてきた。しかし、それでは「本音」ふうなだけであり、その「本音」を言うタレントはテレビという大きなものに巻かれてしまう。むしろいまは、テレビのために協力させられ、思ってもいないことを言わされる役割を担わされていることに対して、異を唱えるほうの「本音」が重要なのである。

二〇二一年の二月二日に放送の『相席食堂』一夜限りのゴールデンＳＰ』（ＡＢＣ）では、ＭＣ

の千鳥の大悟が過去の長州力のビデオを振り返って、「長州さんてなにも作らずに、人柄だけでやってるから、面白くなるんだろうねえ」「タレントとか芸人とか作ってやっちゃダメなんだなと、そのままでやるほうが面白くなるんだな」と語っていたし、番組側が何か角度を作ろうとすると「あおって見るような時代じゃないから、テレビって」と発言している。

また二〇二一年二月二十六日深夜の『オードリーさん、ぜひ会ってほしい人がいるんです。』（中京テレビ、二〇二一年―）では、ふとした会話だったが、番組に出演した一般人が、福神漬けを食べたあとに水を飲むとおいしいと言うも、若林は「それ、俺も知ってる」「ネットで調べたらけっこういろんな人言ってた」と言ったことに対し春日が「テレビやろうや」と突っ込む。この「テレビやろうや」というのが、これまでのテレビの在り方を示しているし、どうでもいいコメントでも合わせてするのがテレビという感覚から、若林が言うようにテレビ的だからといって白々しいことは言わないという方向へのシフトチェンジが起こっているのではないだろうか。

このように、テレビが課した望んでいない役割への違和感を訴えるものも最近は増えてきた。逆に、事なかれ主義でテレビや芸能界という巨大なシステムに従うことが賢い生き残り方だという芸人は少し前までは主流派だったが、急激に減ってきていると感じる。

特に、深刻な悩みを吐露するのは、むしろ、これまでは一生懸命にテレビのお約束を守って制作者の言うことを聞いてきたが、それで報われたわけではなく、むしろ翻弄されてきた六・五世代芸人かもしれない。もちろん、いまでも古い手法でおもねっている者もいるが。

テレビ朝日の『ロンドンハーツ』（一九九九年―）の二〇二〇年十一月二十四日の放送では、「密室検証・こんな二人を飲ませたら…」という企画に、バイキングの小峠とパンサーの向井が登場。お笑い芸人としては珍しく終始、真面目なトーンでトークを繰り広げた。途中から向井が、「楽しい仕事がいっぱい出てくると、ツラい仕事が際立つときってないですか？」と切り出し、仕事で女子大生とロケなどに行くと、その女子大生たちが争い合うようにたきつける役を期待されていて、それに対して抵抗が出てきたと打ち明ける。

聞いている小峠も、「ベースがそういう人間じゃないやつが意地悪なことやっても、そんなに面白くないいんじゃない？って思うんだよね」と答える。「本当にいやがるとかさ、本当に怒るとかさ、本当にびびるとかじゃないとさ、俺やっぱ面白くないと思うんだよね。それはやっぱテレビ通してさ、見てる人に伝わると思うんだよね。無理する必要はない。じゃ無理して変な空気になったところでさ、誰が責任とってくれるかっていうと、誰も責任とってくれないからさ。それは自分の嗅覚を信じてやるしかない。嘘はやっぱり面白くないよ」と語ると、向井は泣きそうになってその場を立つのだった。

向井は、『あちこちオードリー』でも、こうした心中を語る。こちらの番組では、向井が人気者になったのは、劇場での出待ちナンバーワンとしてテレビに出るようになり、かつては先輩芸人と「かわいい顔対決」をして、先輩が笑いを取るような演出のなかで、自分の「かわいさ」が「道具」にされているような感覚をもっていたのだという。しかし、第七世代が出てきて、かつては「道具」として使われていた自分が第七世代を「道具」として使う側に立たされてしまったと感じてしまい、涙がスッと流れたという体験を語っていた。

なにかと世代間対立をあおられてしまう彼らだが、単に若い世代が注目され、自分たちが苦境に立たされて悔しいというだけではない心境を知ることができた。

お笑い芸人は、「女性受け」するものと「玄人受け」するものとで対立させられることがある。女性に受けるということをやたらと忌避することには賛同できないが、お笑い芸人は、そもそもは「笑い」でジャッジされるべきものだろう。それなのに、人気を当て込んで若いときだけ事務所やテレビに重用され、新しい世代にまた人気者が出ればそっちに焦点を当てればいいというのであれば、当人たちは、体よく消費されたように思うのは仕方がないだろう。

特に、吉本興行の場合は、劇場に若い女性ファンを呼び込みたいというもくろみがあり、投票制度で上位に入らないと劇場に立つことさえできなくなってしまうことも多かった。そこで若いうちには、単に笑いを頑張るだけでなく、ビジュアルに気をつけたり女性の人気を呼ぶ方法を考えたりしてなんとかステージに立ってきた芸人は多い。芸人を芸で判断しないと、あとあとになってどこかいびつなことになってしまうのではないだろうか。

9　本音がテレビを変える可能性

こうした芸人の本音は、テレビを変える可能性があるのではないか。私は、過去に番組制作会社から連絡がきて、あるジャンルの専門家としての立ち位置でのオファーだと思って受けたことがある。事前に電話で打ち合わせをする若い女性スタッフもこちらの話をかなり汲み取ってくれたし、台本も、私の話のなかで納得がいくところをかいつまんで作ってくれていた。その時点まではかなり信頼がおける仕事っぷりで安心していたのだが、いざスタジオにいってみると、その場を仕切るのはガハハと大きな声で無理して笑っているような男性スタッフたちで、当日にその男性たちと打ち合わせをすると私の専門分野などは求めておらず、リハーサルになると女性対女性の対立をあおらせたり、その専門分野でもないエキストラの女性がディレクターが思うバトルの仕掛け人をしたりしていた（その人はエキストラのなかでは主のような顔をしていた）。その場には、テレビでよく見るタレントの姿もあり、あんなに雑にバトルを仕掛けられていやではないのかと気の毒な気持ちで見ていた。しかし、彼女たちは、これが通常運転とばかりにディレクターが出すカンペ（カンニングペーパー）どおりにバトルに参加し、どこか役割を演じて誇らしげでさえあった。そのタレントたちをテレビで見かけると、いまでも複雑な気分になる。

出来上がったその番組を見たら、エキストラの人が話す百万年前から何百万回もこすられたようなエピソードトークや、カンペを見て無理やり仕掛けられたバトルの部分が、異様に巧みな編集技術によって見事なテンポでつなぎ合わされた、にぎやかでなんの意味もない番組に仕上がっていた。

この経験は私にとって苦いものだが、テレビの矛盾に早めに気づくことができてよかったとさえ思っている。そして、その後は、似たようなテレビを見るたびに、テレビタレントや芸人はこうしたおかしなことに目をつぶりながらやる大変な職業だな、とぼんやり考えていたのだった。

しかし、近年になって急に芸人たちが、おかしなテレビの演出に疲弊していると表明するようになってきた。これまで、テレビはみんなが作るものだから、その場の空気に合わせて役割やキャラを演じることが最も重要なことだと思われてきた。しかし、社会は個人の快適さを重要視するようになり、ブラックな働き方を少しでも改善しようとしている。テレビでもし何かを強要しているような場面があれば、バカではない視聴者はその構造が見えるようにもなってきたし、そんな場面を見ても楽しめないようになってきた。

テレビを楽しむためにも、こうしてテレビ批評をする者が違和感を唱えることが必要だ。一部の芸人たちが示しているように、無理してテレビに合わせることはない。そのことこそが、テレビのためになると思うし、テレビが少しでも面白くなっていく方法だと思うのだ。

第2章 人気バラエティー番組でのジェンダーの〝描かれ方〟

清田隆之

1 エビデンスのようには可視化できないテレビの影響

本書の書名ではないが、筆者自身もほとんどテレビを見ない。中・高生のころはドラマやバラエティーを熱心に見ていたが、大人になってからその時間のほとんどはネットに移行した。欠かさず見ている番組は特になく、寝しなにぼんやりバラエティーを眺めるか、SNS（会員制交流サイト）で話題になっているドラマやドキュメンタリーを「TVer」「Paravi」「Hulu」といった動画配信サービスで後追いするのがもっぱらの視聴スタイルだ。

筆者は普段、恋バナ収集ユニット桃山商事の一員としてさまざまな人の身の上話に耳を傾け、そこから見える恋愛とジェンダーの問題をコラムやラジオで発信している。大学時代に軽いノリで始めた活動だが、これまで千二百人以上の恋バナ（恋愛話）を聞き、セクハラ（セクシュアルハラスメント）やモラハラ（モラルハラスメント）、痴漢やストーカー被害、家事分担の不均衡といったエピソードを山のように耳にするなかで、「もしかしたら男女で見えている景色が違うのではないか」という思いを抱くようになった。

ジェンダーとは「社会的・文化的に形成された性別」を意味する言葉だ。もって生まれた「生物学的な性別（セックス）」とは区別されていて、常識や教育、周囲からの扱われ方やメディアが発するメッセージなど、さまざまなものの影響を受けながら後天的に形成されていく感覚や価値観のことを指す。いわゆる「男らしさ」「女らしさ」、そしてそこから派生している規範意識や役割分業などがそれだ。

テレビはジェンダー観の形成に影響を与える装置の一つだろう。例えば「父親は会社で働き、母親が家事・育児を担う」という家族像や「男性がリーダー、女性はフォロワー」といった役割分担などが典型的だが、そういった構図がドラマやバラエティーのなかで繰り返し描かれることによって、それが〝普通〟の家族であり、男女の役割とはそういうものなのだというイメージが視聴者に刷り込まれていく。いくら見ない人が増えているとはいえ、テレビ番組がいまなお何百万人・何千万人という単位の視聴者に見られ、また出演者も人気や知名度が高い人たちばかりであることを考えると、その影響力はやはり計り知れないものがある。

これから述べるのは、人気バラエティー番組でのジェンダーの〝描かれ方〟についてだ。メインで取り上げるのは『しゃべくり００７』（日本テレビ系、二〇〇八年―）、『ロンドンハーツ』（テレビ朝日系、一九九九年―）、『水曜日のダウンタウン』（TBS系、二〇一四年―）、『全力！脱力タイムズ』（フジテレビ系、二〇一五年―）、『月曜から夜ふかし』（日本テレビ系、二〇一二年―）、『激レアさんを連れてきた。』（テレビ朝日系、二〇一七年―）という人気の六番組で、本章の執筆期間に放送された回のなかからジェンダー的な視点で違和感を抱いたシーンにフォーカスしながら、そこで描いている構図や提示しているメッセージなどについて考察していく。また、画面上に立ち現れているわけではないが、「語られていないこと」や「描かれていないこと」がなんらかの意味をもつような事例についても言及していきたい。

価値観に及ぼす影響というのは数値化できず、何にどのくらい影響を受けているかを自覚し把握することはとても難しい。また、一回のシーンで決定的な影響を受けるわけではなく、価値観とは似たような光景を繰り返し目にすることで知らぬ間に形成されていく類いのものだ。エビデンスのようには可視化できないものだからこそ、具体的に描いているシーンをつぶさに眺めながら、そこから受け取ってしまいかねないものについて想像力を駆使しながら考察していくことが重要ではないかと考えている。

2 フェミニズムをちゃかした『水曜日のダウンタウン』

番組を視聴したのは二〇二一年二月十五日から二十二日にかけてだった。執筆期間と偶然重なっただけというのが期間選択の理由だが、テレビには「スイッチをつけたときにたまたま見るもの」という側面も強いため、ここでは視聴した順に沿って目にした光景を描写していく。

　最初に紹介するのは二月十五日（月）放送回の『しゃべくり007』だ。上田晋也・有田哲平（くりぃむしちゅー）、名倉潤・堀内健・原田泰造（ネプチューン）、福田充徳（チュートリアル）の六人が毎回ゲストを迎えてトークする番組で、この日はフリーアナウンサーの羽鳥慎一がスタジオに登場。羽鳥が持ち込んだのは、「二年後に化けそうな美女」と題し、自身が司会を務める『羽鳥慎一モーニングショー』（テレビ朝日系、二〇一五年—）で定番のフリップボードを使いながら三人の女性アナウンサーを紹介するという企画だった。

　羽鳥が推したのは岩田絵里奈（日本テレビアナウンサー）、忽滑谷《ぬかりや》こころ（日本テレビアナウンサー）、ハードキャッスルエリザベス（フリーアナウンサー）の三人で、一人ずつスタジオに招いてそれぞれの魅力をレギュラー陣にプレゼン（プレゼンテーション）。勉強熱心でプロ意識が高く、ベテラン芸人のむちゃ振りにも臆せず乗っかっていく三人は確かにすてきな人たちだった。しかし、アナウンサーの先輩でもある羽鳥が中年男性ばかりのレギュラー陣に「美女」の魅力をプレゼンするという構図はいかにもホモソーシャル的だ。また、女性たちを褒めるのに「存在感を出しすぎないくらいがやりやすい」「よく笑ってくれる子」「初々しくて、男心をそそられる」といった言葉を使っていたり、男性出演者たちがモノマネをむちゃ振りして盛り上がっていたりするのがとても気になった。わちゃわちゃした楽しい雰囲気の番組ではあったが、全体としては「一歩引く」「出すぎない」などの〝わきまえた態度〟を心がけながら、先輩芸人に振られたときは思い切って前に出て、面白おかしくイジられることこそ女性アナウンサーの処世術なのだというメッセージになっていて、違和感を抱かざるをえなかった。

二月十六日（火）放送回の『ロンドンハーツ』は「格付けしあう女たち」という特集だった。あんり（ぼる塾）、福田麻貴（3時のヒロイン）、よしこ（ガンバレルーヤ）、薄幸（納言）、藤田ニコル、朝日奈央、ゆきぽよ、みちょぱ、峯岸みなみ（AKB48）、鷲見《すみ》玲奈というバラエティーで活躍している十人の女性が集まり、「男を見る目がなさそうな女」をテーマにそれぞれランキングを付けあって発表する企画で、それをMCの田村淳（ロンドンブーツ1号2号）をはじめとする四人の男性芸人が見守る構図になっていた。この「格付けしあう女たち」は番組の名物企画で、これまでもさまざまなテーマで放送されている。「女性同士のバトルを男たちが高みから見物する」という構図はいかにもホモソーシャル的だし、いわゆる〝容姿イジり〟や、「誰にでも抱かれるんじゃないか？」といったセクハラ発言も散見され、引っ掛かる点は多々あった。しかし、これは後述するが、場の空気を仕切っていたのがぼる塾のあんりだった点に、バラエティーでのパワーバランスの変化を感じる部分もあった。

次に紹介するのは『水曜日のダウンタウン』だ。毎回プレゼンターが独自の説を紹介し、それを検証したVTR（ビデオテープ）を眺めていくというドッキリ番組のような構成なのだが、二月十七日（水）の放送回ではアンジャッシュの児嶋一哉が「ネタ番組でつけられたキャッチフレーズ、どんなにしんどいモノでも渋々受け入れちゃう説」をプレゼン。二〇二一年の元日にオンエアされた『笑いの王者が大集結！ドリーム東西ネタ合戦2021』（TBS系）のリハーサルを舞台に、かまいたちや3時のヒロインなど五組のお笑い芸人が二パターンのニセキャッチフレーズを聞かされ、リアクションを試されるという趣旨だった。

褒め殺しや悪口、ネタのオチを先に言ってしまう出囃子など、芸人にとってはやりづらいものばかりで、それにすんなりOKを出してしまうか否かがポイントだった。当人たちの人柄がにじみ出る面白い企画ではあったが、気になったのは3時のヒロインのケースで、「男社会に喝！女性差別絶対反対！超濃厚フェミニズムトリオ！3時のヒロイン！」「ズバッと鋭く論破論破論破！男社会にタックルだ！令和のトリプル田嶋陽子！3時のヒロイン！」という二パターンのニセキャッチフレーズを提案されていた。実際にオンエアされた『ドリーム東西ネタ合戦』では「二〇一九年、THE W王者、3時のヒロイン！」という芸人としての実績を示すシンプルな出囃子だったが、ここでは二パターンともフェミニズムをちゃかすようなキャッチフレーズが提示されていて、苦笑いをしながら困惑する3時のヒロインと、それをスタジオで笑いながら眺めるダウンタウンの姿が印象的だった。

3　『月曜から夜ふかし』に見られた男性ADへのセクハラ

有田哲平がMCを務める『全力！脱力タイムズ』は、ニュース番組のような形式で進行していくバラエティーで、コメンテーター役として呼ばれた芸人にさまざまなむちゃ振りを仕掛けることで笑いを作っていくのが一つのスタイルになっている。二月十九日（金）の放送回では稲田直樹（アインシュタイン）が出演し、同じくゲストとして招かれた俳優の松下洸平とともに「現代のコミュニケーション事情にメス！男女トラブルを一挙に解決」という特集テーマについてコメントを求められた。ここで気になったのは、トラブルの事例を再現ドラマで紹介するシーンだ。緊張で演技できなくなってしまった役者の代役を急遽稲田がやらされるというむちゃ振りがなされるのだが、モテる男の役ばかり演じさせられる稲田を見て笑う構図になっていた。「よしもとブサイクランキング2019」で一位に選ばれた稲田にイケメン役を演じさせることでギャップを演出しようという狙いは理解できる。ある種の容姿イジりであり、稲田がそれをうまく笑いに変えてくれる芸人だということもわかる。しかし、そういった笑いはそもそも差別的だし、すでに稲田自身が話芸や発想力、また自分を愛そうとする姿勢やジェントルな人柄などによって芸人としても人間としても高く評価されていることを思うと、このイジり方自体が時代錯誤なものに感じられてならなかった。

マツコ・デラックスと村上信五（関ジャニ∞）による『月曜から夜ふかし』は、路上で出会ったアクが強い人々や、全国各地の街の小ネタをテンポよく紹介していくことで人気を博している番組だ。二月二十二日（月）の放送回でもさまざまな企画を詰め込んでいたが、引っ掛かりを覚えたのは「誰もやらなかった調査をやってみた件」と題したVTRで「ヌードペン」の作り方を紹介したくだりだ。これは逆さにするとビキニ姿の女性が裸になるというペンで、「海外旅行で買ってくるいい加減なお土産の代表格」と紹介していたように誰もが一度は目にしたことがあるものだと思うが、この商品を作っている会社が日本にあり、その仕組みを教えてもらうという内容だった。誰の写真でも作れるとのことで、番組では男性AD（アシスタントディレクター）のヌードペンを試作。スタジオでそこに写る股間を凝視し、「お前デカいな」「加工してないの？」などと笑いながらイジる村上とマツコの言動は明確なセクハラであり、気持ちの悪さしか感じなかった。

最後に紹介するのは、若林正恭（オードリー）と弘中綾香（テレビ朝日アナウンサー）がMCを務め、特殊な人生経験をもつ人々をスタジオに招いてインタビューしていく人気バラエティー『激レアさんを連れてきた。』だ。二月二十二日（月）の放送回では「三十五歳でやっと自分が超大食いだと気づき、どん底人生から一発逆転した人」というテーマで、フードファイターのMAX鈴木がスタジオに登場。ゲストのカズレーザー（メイプル超合金）と水原希子も交えてその半生を振り返った。二十歳で大学を中退し、パチスロ（パチンコ型スロットマシン）三昧の日々を送ってきたMAX鈴木は、ギャンブルで総額数千万円の負けを作りながら、付き合っている女性の部屋を転々とすることでなんとか食いつないできた。そんな鈴木は三十五歳のとき、テレビ番組で見かけた〝爆食女王〟もえのあずきの姿に感動し、大食いの道に挑もうと一念発起。それまで大食漢という自覚はなかったが、飲食店が提供しているチャレンジメニューを次々とクリアするなかで大食いの才能が開花し、ついにはテレビ東京の人気番組『元祖！大食い王決定戦――新絶対王者襲名戦』（二〇一五年）で優勝するに至る。翌年は惜しくも決勝戦で敗れ、「二位もビリも一緒」と絶望のどん底に落ちてしまうが、そこから結婚や猛特訓を経て二〇一七年大会で見事リベンジ。超人的な努力を重ねて人生の一発逆転を果たし、妻や師匠に涙しながら感謝の意を示すMAX鈴木のストーリーは確かに引き込まれるものがあった。

しかし、女性の部屋を転々とする生活をヤドカリに例えて面白おかしく語ったり、過去に二股をかけていたエピソードを「リスクヘッジ」と笑い話のように扱ったり、複数の女性と肉体関係をもっていた鈴木を「大食い」と形容して笑ったりと、引っ掛かりを覚えるところも多々あった（スタジオでも水原希子がそういう部分に疑問を呈していた）。また、すべてを賭けて夢に挑戦する人々の物語はとかく美しいものとして語られがちだが、その生活をしている間、例えば家事や身の回りの世話は誰がやっているのか、誰から情緒的なサポートを得ているのか、そういった部分はほとんど語られることがない。MAX鈴木の場合はどうだったかわからないし、仮にすべてを妻に任せていたところで双方の合意があれば問題ないのかもしれないが、目標に向かって頑張る姿だけにフォーカスすることでサポートしてくれる人の存在に気づきにくくなるという問題も発生するため、ここで「語られていないこと」や「描かれていないこと」も個人的にとても気になった。

4　低迷を続ける「ジェンダーギャップ指数」とも地続きの問題

さてここまで、二〇二一年二月十五日から二十二日にかけて視聴した六つの人気バラエティー番組のなかから、ジェンダー的な視点から引っ掛かりを覚えたシーンをスケッチしてきた。繰り返すが、これらは本章の執筆期間とたまたま重なった時期に放送された回を時系列で並べただけであり、内容を見て選んだわけではない。しかし、視聴したすべての番組に気になるジェンダー表現が見受けられた。これが全体的な傾向なのか、それとも単なる偶然によるものなのかはここでは判断できないが、濃淡あれどもすべての番組でこのようなシーンが散見されたことは事実であり、これをふまえて最後に個人的な見解をまとめてみたい。

筆者は男尊女卑的な傾向が強いこの社会で、シスジェンダー（割り当てられた性別と性自認が一致）かつヘテロセクシュアル（異性愛者）という〝マジョリティ男性〟として生きてきた。いわゆる〝男性特権〟を無自覚に享受している部分も多々ある気がするし、現在四十歳だが、三十代になるまでジェンダーという言葉の意味さえ理解していなかった。桃山商事の活動をしていなかったらいまなお無知な状態で暮らしていた可能性も否定できない。だから偉そうなことは言えないし、自分事として捉えていかなければならない問題でもあるのだが、それでもなお、これら人気バラエティーで描いていた景色やそこで提示していたメッセージには疑問を抱かざるをえなかったし、批判されるべきものだと思った。なぜなら、それらは当該番組だけにとどまる問題ではないからだ。

例えば『全力！脱力タイムズ』や『激レアさんを連れてきた。』がそうであるように、メインのMCを男性が務め、それを女性アナウンサーがサブとして支える構図は報道番組やワイドショー含めてさまざまなところで目にするものだ。バランスが偏り、男女の役割分担を固定化させかねない問題であるはずなのに、こういった景色を繰り返し眺めることでそこに違和感を抱きづらくなっていく可能性がある。これはテレビだけの話ではなく、政治や経済など意思決定の場が男性ばかりで占められ、世界経済フォーラム発表の「ジェンダーギャップ指数」で日本が毎年下位（二〇二一年版では百五十六カ国中百二十位）を低迷していることとも地続きの問題ではないか。

容姿イジりやセクハラ発言、『しゃべくり007』で見られたような「女性とはこうあるべし」というメッセージも、この社会に存在する偏見やステレオタイプを助長させかねないものだろう。また、『月曜から夜ふかし』に見られた男性に対するセクハラというのも見逃してはならない問題だ。心身のケアを怠ってしまうセルフ・ネグレクトという言葉があるが、しばしば男性に顕著な問題として語られるのは、メディアをはじめさまざまな場所で「男は雑に扱っても大丈夫」「自分を大事にしようとする男はダサい」といったメッセージが繰り返し発せられていることと無関係ではないように感じる。そういった価値観を内面化してしまうことでセルフケアの習慣が育たず、ストレスが自分にも他人にも向かってしまう――そんな可能性にもつながる問題だと思えてならない。

バラエティー番組のなかでイジられるということは、視聴者にとって「からかっていい対象ですよ」というサインになりかねない。例えば『水曜日のダウンタウン』で3時のヒロインにつけられた「男社会に喝！女性差別絶対反対！超濃厚フェミニズムトリオ！」というキャッチフレーズは、明確にフェミニズムをちゃかしている。二つめの「ズバッと鋭く論破論破論破！男社会にタックルだ！令和のトリプル田嶋陽子！」にいたっては、「フェミニズムの直接表現に配慮」という注釈をつけたうえで提示されていた。おちょくるようなコピーを勝手に作っておきながら、「フェミニストに怒られちゃうかも（笑）」と言わんばかりの注釈をつけ、さらに田嶋陽子の名前まで持ち出してイジり倒している。誰がどのような意図でやったことかは説明していないが、フェミニズムを「からかっていいもの」として扱っていることは間違いなく、そこに根深いミソジニー（女性嫌悪）を感じざるをえない。

5　第七世代の台頭でベテラン芸人たちにも変化の兆しが

このように、何げなく眺めているテレビ番組のなかにはさまざまな問題表現が埋め込まれていて、それらを無自覚に吸収することで知らぬ間に偏見や蔑視が形成されていく可能性は否定できない。なかなかにしんどい状況で、看過することも到底できないが、一方で希望の芽がないわけではなかった。正直に言うと、番組を視聴する前はもっともっとひどい状況を想像していた。スタジオはベテランの男性芸人ばかりで占められ、時代錯誤なセクハラ発言や容姿イジりがバンバン繰り返され、見るに堪えないホモソーシャル的な景色がひたすら広がっているのだろう……という先入観をもっていたのだが、もちろんそういうシーンは多々あれど、意外だったのは中高年の男性芸人たちが思いのほか気を使いながら会話していた点だ。

例えば『ロンドンハーツ』の田村淳は番組のメインMCであるにもかかわらず、進行や文脈づくりのほとんどをぼる塾のあんりに委ねていた。彼女の豊富な語彙や理路整然としたしゃべりの力による部分はもちろん大きいと思うが、あんりを占い師の先生に見立てて持ち上げ、その鋭いコメントに追従しながら場を盛り上げるフォロワー役に徹していたのが印象的だった（昔の田村淳だったたら主導権を渡さず、意地の悪いコメントで女性たちの仲をかき乱そうとあおっていたはずだ）。田村淳ほどではないにせよ、『水曜日のダウンタウン』でも松本人志がフワちゃんにややすり寄る感じで相づちを求めていた姿も意外だったし、本章では詳しく取り上げなかったが、二〇二〇年末に放送された『アメトーーク！』（テレビ朝日系、二〇〇三年―）の五時間SP（スペシャル）でも、ゲストの明石家さんまがヒコロヒーに「女性観が古い」という趣旨のツッコミを入れられ、たじたじとなったシーンも印象深い記憶として残っている。

ベテランの男性芸人がこういった姿を見せるようになったのは、おそらく「お笑い第七世代」の台頭と無関係ではない。この第七世代というくくりは霜降り明星のせいやが提案したものとされているが、思いつきで言ったこととせいや自身が語っているように、そこに明確な定義があるわけではない。ただ、霜降り明星やEXIT、四千頭身に宮下草薙、フワちゃん、ぼる塾、3時のヒロインなど、そのほとんどが平成生まれの若手芸人たちに第七世代という枠組みが与えられたことで、そのパッケージで番組に呼ばれることが増えたり、MCを務めるベテラン芸人との間に「新しい／古い」の構図が設けられたりするようになったのは確かだ。この影響は小さくないと感じていて、古い側に振り分けられてしまったベテラン芸人たちは、恋愛にしろ流行にしろジェンダーにしろ、どんな話題のときも「時代遅れ」「ダサい」「つまらない」といったレッテルを貼られてしまう恐怖と隣り合わせで、それが態度や言葉の選び方に気を配ったり、ひな壇の若手たちに意見を尋ねたりという振る舞いにつながっているように見受けられた。また若手芸人にとっても、「新しい側にいる」という権力性が付与されたことによって、大御所相手にも堂々と振る舞ったり、臆せずツッコミを入れたりということが可能になったのではないかと感じる（もちろん相当なバランス感覚の上で成り立たせていることだとは思うが）。

このように、第七世代の台頭でベテラン芸人たちに緊張感がもたらされ、それによってバラエティー番組のジェンダー表現がセンシティブでダイバーシティな方向へと少しずつ変化していっているのではないか……というのがいまのところの筆者の実感だ（動画配信サービスによってアーカイブが残り、炎上につながりやすくなっているのもベテラン芸人たちに変化をもたらした一因かもしれない）。

ちなみに本章では紹介できなかったが、ジェンダー観ではバラエティー番組よりもワイドショーのほうがはるかにひどい印象で、とりわけ『とくダネ！』（フジテレビ系、一九九九―二一年）の小倉智昭や『バイキングMORE』（フジテレビ系、二〇二〇年―）の坂上忍、『グッとラック！』（TBS系、二〇一九―二一年）の立川志らくや『情報ライブミヤネ屋』（日本テレビ系、二〇〇六年―）の宮根誠司などは耳を疑うような女性蔑視発言が目立ち、またジェンダーに関するニュースの扱いも偏見まみれのことが多く、疑問しかない（本章の執筆中も、二〇二一年二月二十六日放送の『グッとラック！』で、ジェンダーバイアスについて論じた話題の書、太田啓子『これからの男の子たちへ――「男らしさ」から自由になるためのレッスン』〔大月書店、二〇二〇年〕を取り上げた際、MCの立川志らくがスカートめくりをする男子を笑いの文脈で正当化したり、「男の子はそれくらいで泣くな」とジェンダーの呪縛を強化するような発言をしたりと、驚くようなコメントを連発したことでSNSを中心に抗議の声が殺到したばかりだ）。

もっとも、ワイドショーよりもバラエティーのほうがまだマシだからといって、本章で紹介してきたような事例が示すように、偏見や蔑視につながりうるジェンダーの描かれ方はまだまだ少なくない。テレビは〝ながら見〟することが多いメディアだし、演出や構成が巧みなのでつい面白く見てしまうし、そこから受ける影響も可視化できないし……と、依然として難しい問題ではある。しかし、ベテラン芸人たちに見られる変化の兆しのように、批判や緊張感といったものが有効に作用することは大いにありうる。そう信じて、これからも違和感を抱いたシーンを粘り強くスケッチしていきながら、自分事としてジェンダーの問題を考察し続けていきたいと思う。

第3章
テレビ史から見える女性芸人というロールモデルと可能性

西森路代

1　上沼恵美子と山田邦子——彼女たちのガラスの天井：一九七〇年代から八〇年代

『M―1グランプリ』（テレビ朝日系、二〇〇一年―）で二〇〇七年に初の女性審査員として出演し、二〇年も審査員を務めた上沼恵美子。いまでは司会者やMCの顔が強いが、一九七一年から姉とともに漫才コンビ海原千里・万里として活躍していた。七七年には八歳年上のテレビディレクターと結婚して専業主婦になったものの、出産した翌年には「専業主婦は耐えられなかった」として芸能界に復帰した。

上沼のことを考えると、一九七三年から活動を始めて八〇年に結婚して芸能界を引退した山口百恵や、七六年にデビューして五年後に解散したピンク・レディー、七二年に結成して七八年に解散したキャンディーズのことを思い出す。

これらの女性アイドルも上沼も、五年から六年で引退したり解散したりしている。それは、当時の社会的な状況ともリンクしていたのだろう。女性アイドルも女性芸人もいまより旬と言われる期間は短く、また芸能界では結婚後の道が見いだしにくいということもあれば、当時、労働基準法などで守られていないなかでの過酷な働かされ方に耐えかねるなど、さまざまな理由もあって短い期間で引退を選んでいたのだろう。

山口百恵は、現役時代には絶大な人気を誇りながらも、引退してからは芸能界にいっさい姿を現さない。その姿勢には、かなりの覚悟があるようにも思える。彼女のことを保守的と語るのは簡単だが、その一連の出来事がセンセーショナルにも映っていたと思う。それは、「一度足を踏み入れたら、二度と一般人には戻れない」というような、芸能界は特殊な世界で女性の清廉さを奪うという偏見に毅然とあらがっていたからではないか。当時の一般の女性の生き方としてみれば保守的だが、旬の芸能人がとる行動としてみれば異端だ。山口がその後、キルト作家としては表に名前や作品が出ることはあっても芸能人としては断固として出てこないのも、毅然とした頑固なまでの考えがあるからだろう。

ただ、上沼は、こうした時代にあって当時の女性たちの多くが考えたように一度は家庭に入ったが、復活して現在の立ち位置を築いた。一般人だけではなく、女性芸人やアイドルにとっても、当時は結婚が女性のキャリアにピリオドを打たせるという考えは強かったのである。

一方、ビートたけしや島田紳助などの一九八〇年代の漫才ブームの旗手たちとともに『オレたちひょうきん族』で活躍した山田邦子は、高校・大学時代に素人勝ち抜き番組などに数多く出演して芸能事務所に所属するに至った。『オレたちひょうきん族』（フジテレビ系、一九八一—八九年）には、同じく漫才ブームのころに活躍していた春やすこ・けいこなども出演していたが、女性ピン芸人としては山田がほぼ一人という状態だった。そのほかには、女優の石井めぐみや、山村美智子（現・山村美智）などのフジテレビの局アナウンサーの姿を見かけるくらいだった。

山田は、女性芸人で初めて天下をとった女性ピン芸人と言われている。その根拠は、『邦ちゃんのやまだかつてないテレビ』（フジテレビ系、一九八九—九二年）がゴールデンの冠番組だということが大きいだろう。

山田と活動時期が重なるアイドルに松田聖子がいる。一九八〇年、山口百恵が結婚して引退する一年前に、ほんの一瞬すれちがうようにしてデビューした彼女は、なにかと山口と比較された。松田聖子もデビューから五年後の八五年に結婚。しかし、その後すぐに復帰して（上沼のようである）、アメリカ進出に挑んだり、シンガーソングライターとして活躍したり、プロデュースを手がけたり、離婚や二度の再婚をしたりと、自らの思うがままに生きている印象がある。彼女のことを、山口百恵とともにつづった小倉千加子『松田聖子論』（飛鳥新社、一九八九年）は、フェミニズムの文脈でいまでも読み継がれている。

松田聖子が山口百恵と違うのは、もはや結婚が女性芸能人の進退には関わらなくなったことだろう。しかし、それでも彼女のような奔放な生き方は珍しく、眉をひそめる人も、反対に憧れる人もいた。

山田邦子は、一九九〇年代後半から次第にレギュラー番組が減っていった。そこには、さまざまな理由があった。その一つとして取り上げられるのが、不倫騒動とその取材時の暴言にあるというのが大方の見方だが、二〇二一年になったいま思うのは、多くの男性芸人は不倫をしていないのか、暴言をはいていないのかということだ。女性芸人（むしろ、上沼や山田以降の）にも「ガラスの天井」が存在していたのではないか。

ただ、バブル期に、松田や山田のような芸能人が、ある程度自由に自分のキャリアを確立したことは、もしかしたら、彼女たちより少し年下の雇用機会均等法世代の女性たちの社会進出の後押しをしたのかもしれないとも思えるのだ。

2 ロスジェネの台頭――キャラ芸人として女性を消費されがちな芸人たち：一九九〇年代

一九八〇年代後半は、とんねるず、ダウンタウン、ウッチャンナンチャンが台頭し、彼らの番組には野沢直子や清水ミチコなどが出演。男性タレントが冠番組を数多くもって影響力を及ぼしていったのに対して、女性芸人は自分のペースを守って仕事を続け、現在もそのペースで活躍している。野沢はアメリカに渡ってときおり帰国して番組に出演しているし、清水の存在は後輩の女性芸人にとっては頼りがいがある先輩になっているという。

一九九二年には、『タモリのボキャブラ天国』（フジテレビ系、一九九九年）がスタートした。この番組は、ショートネタ、ダジャレネタを披露してランキングをつけるという番組で、ここで頭角を現したのが爆笑問題、ネプチューン、海砂利水魚（現くりぃむしちゅー）、アンジャッシュ、U-turn（土田晃之）などだった。当時の彼らはアイドル的な人気があり、『ボキャ天』のメンバーとしての地方のイベントなどもあり、若い女性たちが声援を送っていた（と書けるのは、自分が住んでいた街にも彼らがやってきたからである）。

『ボキャ天』では、パイレーツやオセロなどの、当初は芸人ではなくタレントになることを目指していた女性たちが、事務所やスクールの講師などから勧められて芸人になったというコンビが目立っていた。実際、オセロは松竹のタレント養成コースに通っていた。パイレーツはグラビアアイドルを兼任していて、ネタのほとんどは放送作家が考えていたという。

二〇〇三年にスタートした『エンタの神様』（日本テレビ系、二〇一〇年）では、にしおかすみこや鳥居みゆき、エド・はるみ、モエヤンなど、ピンやキャラがはっきりしたタイプの芸人が活躍していた。こうした背景には、番組側がキャラクターをなによりも重要視し、テロップを多用して「わかりやすく」見せる演出を第一としていたことがあった。ネタに対しても番組制作側のオーダーも多かったといい、そうした要望に応えた芸人は、そのもくろみどおりに人気者になることはできたが、男女問わずにキャラクターが強ければ強いほど「一発屋」として消費されることも多かった。

このころの女性芸人にピン芸人が多いのは、コンビでやっていても、ライフステージ、つまり結婚などでお互いの仕事への向き合い方に違いができてコンビを解消してしまうことが大きかったのではないか。そんななかライフステージが違ってもいいという道を示したのが、一九九八年にデビューした森三中だ。彼女たちは、ネタ番組でキャラを消費されることがなく、それでいて三人の個性は社会に浸透していて、村上知子が出産で、大島美幸が妊活（妊娠活動）で休んでも黒沢かずこが一人でトリオを支えることもできた。こうした姿勢は現在、産休でメンバーの一人が休んでいる第七世代のぼる塾にも受け継がれている。

3　渡辺直美の台頭と自己肯定――二〇〇〇年代

女性芸人がキャラだけを消費される時代から抜け出せたのは、渡辺直美の存在が大きいだろう。渡辺直美は二〇〇六年に東京NSC（吉本総合芸能学院）に入って、十二期生として学んだ。東京NSCに限らないが同期にはジャングルポケットやジェラードン、ぺこぱの松陰寺太勇、マヂカルラブリーの村上、見取り図などがいると知れば、渡辺がいかに早くにブレイクしたかがわかるだろう。

NSC時代はコンビも組んでいたが、それを解消した直後の二〇〇八年一月に『新春大売出し！さんまのまんま』（フジテレビ系）に出演してチャンスをつかむ。当時、そのテレビで見ていたが、ビヨンセのネタはいまと同じように面白いのに、いまよりもどこか自信がなさげで口数も少なかったのを覚えている。

その後は、『森田一義アワー 笑っていいとも！』（フジテレビ系、一九八二―二〇一四年）の「いいとも少女隊」に抜擢され、『ピカルの定理』（フジテレビ系、二〇一〇―一三年）の準レギュラーから レギュラーに、前述の『エンタの神様』や『爆笑レッドカーペット』（フジテレビ系、二〇〇七―一四年）などのネタ番組でも活躍。しかし、渡辺自身は、この活躍にただ満足したわけではなかったという。

渡辺が二〇一七年六月二十二日の『SWITCH インタビュー 達人達』（NHK）に出演したときには、デビューしてすぐにテレビでひっぱりだこになったことについて「私は十年後にテレビに出られたらいいなというスタンスでずっとNSCにいたので。下積みをちゃんとやりたいと思ったんですよ。何も知らずにテレビ出るのがやだったので。逆に私は暗黒でした」と振り返った。

当時はビヨンセの芸だけではないと考え、もっとコントやトークなどほかのことをやりたいともがいていたこともあったが、その後「ビヨンセをとにかく伝統芸能みたいにしよう」「これは自分が誇りをもってやらないとみんなも飽きるし」と考えを改めたと語っている。

また、大喜利を振られても、台湾出身の母親に育てられた渡辺は日本語がいまほど得意ではなく、悩んでいたところ先輩の中田敦彦から「短所を伸ばす作業よりも長所を誰よりも伸ばしたほうがいい」と言われて、ダンスやコントや表現を伸ばす方向にいったという。

渡辺の発言には、女性芸人のぶつかる壁がいくつも指摘されている。「下積みをちゃんとやりたい」のに、自分の意思とは反対に男性の同期芸人よりも早くブレイクできるのは考えようでは幸せだが、キャラ芸人であることや若い女性であることで消耗してしまって、「一発屋」芸人になる人生もあったかもしれない。

これは芸人だけの問題ではない。社会で働く女性が若くて女性であるということだけで持ち上げられ、実力よりも高いスキルが求められる仕事の表側に立ち、そこで実務よりも「顔」としての立場を求められている間に、その時期に身に付けるべきスキルを獲得できなかった、などという悩みはあるだろう。

渡辺が大喜利をやらないといけないのではないかと悩むことも、こと男性芸人たちが作ったルールが正解になりやすいことを思わせる。例えば、『IPPONグランプリ』(フジテレビ系、二〇〇九年―)や『人志松本のすべらない話』(フジテレビ系、二〇〇四年―)には女性の出演者が少ないが、そこには男女で経験したことやカルチャーの志向が違っていて、男性たちの「笑い」という共感にいたらないということもあるのではないか。それによって、女性芸人たちのなかには、自分の芸が主流ではないというどこか後ろめたさを感じる者がいまもいるかもしれない。しかし、少なくとも渡辺直美がやってきたことは、女性芸人たちの未来を明るく照らしているように思える。

渡辺は、その後はアメリカに留学して自らがツアーなども開催し、「Instagram」でも日本でいちばんのフォロワー数を誇る。芸人がライフスタイルを公開したり自分を魅力的に見せたりすることは、お笑いとは反対のこととされていた。しかし、渡辺の、自分は自分であることそれ自体が強く美しいのだというメッセージは(もしかしたら本人は、面白いことが強く美しいと言っているのかもしれないが)、日本だけでなく台湾やアメリカでも肯定的に受け止められている。

お笑いとは違うが、韓国のグループBTSがなぜ全米で人気になったのかという議論は多い。韓国には彼らと同じようにダンスや歌のレベルが高いグループが多く、その楽曲も甲乙つけがたい。だから、言葉をどう尽くしてもその特異性を見いだすことは難しいが、そこに彼らの自らのルーツや存在に対しての「明確な自己肯定のメッセージがあるから」と考えれば納得がいく。渡辺直美も、伝統芸と言えるほどに突き詰めた芸と自己肯定のメッセージがあるから欧米でも認められているのではないだろうか。もちろん、楽曲をリリースするBTSと芸をパフォーマンスする渡辺とで比較はできないが、少なくとも、いまのアメリカでアジア人が活躍するにはそうしたメッセージが重要であるように思う。

4　増える女芸人とひな壇のジェンダーバランス——二〇一〇年代

二〇〇三年にレギュラー放送が始まった『アメトーーク！』（テレビ朝日系）は、現在まで続く長寿番組である。それまで芸人はネタ番組やコント番組などで活躍していたが、この番組から「ひな壇芸人」という言葉が一般化していった。

この番組が始まったことで芸人の世界にもたらされた変化はいくつかある。毎回一つのテーマについてしゃべるため、芸人が、趣味や特技をもち、それをプレゼンテーションできるということが重要になったこと、一度に何人も出演するので個が目立つことを考えるよりも全体のバランスを見るようになったこと。また、徐々に、単に「好き」なことを紹介するだけでなく、「運動神経が悪い」や「中学のときイケてない」といった自分のウイークポイントをさらけ出すような回が増えてきた。こうしたテーマには、コンプレックスや悩みを解放して笑いにすることで自己肯定できるという意味合いもあるのではないだろうか。

しかし、この番組がスタートしたころは女性芸人の数自体がまだ少なく、ひな壇に並ぶ芸人全員が男性だったり、女性がいたとしても一人か二人という状態も多かった。また、この番組のテーマ自体が男性が好むマンガや趣味などのことも多く、女性たちが単に好きというだけではテーマになりにくい。例えば、どのようなマンガが男性向け／女性向けだと決め付けるのはナンセンスではあるが、この番組のテーマになるのは『機動戦士ガンダム』『新世紀エヴァンゲリオン』『スラムダンク』『グラップラー刃牙』『キン肉マン』『ジョジョの奇妙な冒険』『キャプテン翼』『魁!!男塾』『ビー・バップ・ハイスクール』『ゴルゴ13』『北斗の拳』『タッチ』『ドラゴンクエスト』『キングダム』などの少年・青年マンガがほとんどで、少女マンガで取り上げられたのは『ガラスの仮面』くらいのものである。

もちろん、少年・青年マンガにも女性ファンがいるが、これらの回に女性たちが出演することは少ないし、女性ファンが多いにもかかわらず『キャプテン翼』などについて女性目線で語られることもない。昨今は女性芸人のヒコロヒーも、みなみかわとの漫才で「うんざりですよ、男寄りのお題ばっかりで」「男芸人が平場とかでようわからんこと刃牙（『グラップラー刃牙』）で例えてるとき、女芸人、隅のほうで愛想笑いさせてもらってますよ」と言っている。女性芸人が共有する話題をうっかり出せば、男性芸人たちから「わからない」「説明しろ」と言われることは想像にかたくない。

筆者が書籍の企画書を出すときに、女性の間で人気が高まりつつある事象についてプレゼンしても、決定権がある男性はその実感がないために「どこではやっているのか」「すでに類書はあるのか」、そして「数字や新聞記事をもってこい」と言われ、持っていってもなんやかんやと理由をつけて却下されていたことを思い出す。

もちろん最近では女性芸人だけがひな壇に座る番組もあるが、そのテーマはいまだに「女性芸人」ならではのものにとどまっていることが多いし、女性芸人が集まるときには恋愛話やバトルが演出されてしまうというのが現状ではないだろうか。

5　遅咲き／再ブレイクの女性芸人――ロールモデルとたわいないおしゃべりの可能性：二〇二〇年代

二〇二〇年代は、3時のヒロインに、ヒコロヒー、男女コンビのラランドや蛙亭が登場し、女性芸人の在り方が変わったのも特筆すべきだが、これは次章「わきまえない女たち――女性芸人とフェミニズムとエンパワーメント」で詳しく書くとして、忘れてならないのは、一九九〇年代以降にデビューしたベテラン芸人や最近になってブレイクした遅咲きの芸人だ。彼女たちの躍進にも注目したい。

一九七一年生まれの同級生コンビのオアシズは九二年にデビューし、『めちゃ×2イケてるッ！』（フジテレビ系、一九九六―二〇一八年）の出演で先に光浦靖子の知名度が上がった。いまでは考えられないが、相方の大久保佳代子はなかなか芽が出ずに会社員を続けながら芸人をしていた。しかし、二〇一〇年代にブレイクし、いまに至っている。

一九七二年生まれの姉・渡辺江里子と、七三年生まれの妹・木村美穂の疑似姉妹コンビの阿佐ヶ谷姉妹は、九〇年代に東京乾電池研究所にいたことで知り合い、一時は一般の仕事をしていたが、二〇〇七年にコンビを結成、『とんねるずのみなさんのおかげでした』（フジテレビ系、一九九七―二〇一八年）内の「博士と助手――細かすぎて伝わらないモノマネ選手権」でじわじわと知名度を上げ、一八年には『女芸人No.1決定戦 THE W』（日本テレビ系、二〇一七年―）で優勝した。

ほぼ同年代の両コンビは、アラフィフで独身。トークやネタでもオバさんのリアルを隠さず、とても明るくこの年代の生き様を見せてくれる。かつて、映画『ブリジット・ジョーンズの日記』（監督：シャロン・マグワイア、二〇〇一年）が公開されたときは、女性たちが自分たちのありのままのちょっとぶざまな姿を自虐的にさらすことで、観客は「女性としての望ましい姿であるために頑張りすぎなくてもいいんだ」「開き直ってもいいんだ」と思えた。彼女たち女性芸人の芸風からも、そんな空気を感じることができる。

ある意味で、完璧な姿を崩さずにすてきなライフスタイルを見せる女優よりも、彼女たち女性芸人のほうが、現代のオルタナティブなロールモデルを示しているように見える。

阿佐ヶ谷姉妹には、『THE W』での優勝の特典として自身の冠番組がプレゼントされた。その『阿佐ヶ谷姉妹のおばさんだってできるわよ』（日本テレビ系、二〇一九年）では、放送に先駆けて「阿佐ヶ谷姉妹のモーニングルーティン」という「YouTube」動画が制作された。その内容は、阿佐ヶ谷姉妹が、朝起きて布団で寝転がったまま歯磨きをしたり、黒ゴマを食べたり、豆苗を育てたりするという、なんでもない日常を映したものだったが、これが人気爆発で短期間に三百万回を超える再生回数をたたきだした。

それまでは、芸人はしっかりと枝葉があって最後にドカーンとオチがある話をすべき、とか、凝った仕掛けがあってきちっと編集された完璧な企画であるべき、というような考え方が強かったと思うし、もしも地上波のテレビ番組でゆるいものがあれば、お笑い的には許されず、それをなんとか通常の笑いに変えようと男性芸人が強い言葉でツッコむなどしてきた。いまでも、そういうことは多い。

しかし、「阿佐ヶ谷姉妹のモーニングルーティン」は、「YouTube」のコンテンツではあったが、そうした常識を覆したと言ってもいいだろう。

そもそも、女性同士のゆったりした時間のなかで生まれるたわいない会話を楽しみたいというファンもいるしそういう番組もある。例えば、三谷幸喜が脚本を書き、もたいまさこ、室井滋、小林聡美が主演した『やっぱり猫が好き』（フジテレビ系、一九八八―九一年）も、三姉妹のたわいない会話で構成しているシチュエーションコメディーだったし、現在も放送中の『はやく起きた朝は…』（フジテレビ系、二〇〇五年―）は、松居直美、森尾由美、磯野貴理子の三人がこれまたたわいないおしゃべりをするバラエティー番組で、前身の『おそく起きた朝は…』（フジテレビ系、一九九四―二〇〇三年）から数えると、もはや二十五年以上も三人の出演者をいっさい変えずに続いている長寿番組である。

テレビに出ている女性芸人とは少し違うが、ザ・マミィやザ・ギース、空気階段、GAG、かが屋など、『キングオブコント』（TBS系、二〇〇八年—）常連の芸人たちが常時出演している『テアトロコント』というイベントがある。その二〇一九年五月のイベントで、明日のアーというユニットの大北栄人が台本を書き、高木珠里、笠木泉、中島愛子という女優たちが演じた短篇コントが上演された。そのコントが、工場で働く三人の女性たちのたわいないおしゃべりで笑わせるもので、『やっぱり猫が好き』や『はやく起きた朝は…』のような空気を緻密に醸し出していてとても面白く、涙を流しながら笑って見た。

昨今は、ガチガチに構成し、コーナーやロケや再現ビデオがあり、それをスタジオで受けて、と盛りだくさんで作り、たくさん撮ってギッチギチに詰め込んだ編集の番組は多く、それは時間や費用や労力をかけていて作る側の達成感はあるのかもしれないが、女性芸人、いや男性芸人も含めた新たな可能性として、たわいないおしゃべりというものにももっと注目されればいいのになと思っている。

第4章

わきまえない女たち

――女性芸人とフェミニズムとエンパワーメント

西森路代

1　違和感を唱え始めた女性芸人たち

第1章「第七世代の価値観の変化が浮き彫りにするテレビの問題点」では、第七世代を中心にしてお笑い界の男性中心主義の現状とテレビの問題点について考えた。本章では女性芸人の現在をみていく。女性芸人を見て感じることをそのまま述べただけでも、つまり意識してその視点を取り入れなくても、おのずとフェミニズムやシスターフッドの話になるだろう。

筆者が女性芸人が変化していると感じて発表したのは二〇一八年のはじめのことだった。その前年、一七年の十二月には『女芸人No.1決定戦 THE W』（日本テレビ系、二〇一七年―）の第一回が開催され、翌年の『R―1ぐらんぷり2018』（フジテレビ系）では、決勝に残った十人のうち四人が女性だったこともあって、以前よりも女性芸人が注目され始めていた。

『THE W』の初回の審査は、ヒロミ、生瀬勝久、新川優愛、吉田沙保里、若槻千夏、柴田理恵という六人のゲスト審査員と、公募で選ばれた三百九十五人の一般審査員がおこなった。プロのお笑い芸人の審査員はヒロミ一人だったが、年々改善されて、二〇二〇年には中堅のお笑い芸人で批評的なコメントをすることに長けた麒麟・川島明、アンガールズ・田中卓志、笑い飯・哲夫に俳優でコメディエンヌの久本雅美、ハイヒール・リンゴ、そして初回から名を連ねてきたヒロミの六人になった。この顔ぶれを見ただけでも、この大会はいいほうに向かっていることがうかがえる。

二〇一七年から一八年は、女性芸人が容姿いじりに対して異論を唱え始めた年でもあった。一七年十一月二十九日放送の『1周回って知らない話 旬の女芸人&大物俳優は謎だらけSP』（日本テレビ系）では、尼神インターの誠子がにゃんこスターのアンゴラ村長に、「「かわいい芸人出てきた」みたいに言われてますけど、あんた、そないやで」と仕掛けた。それに対してアンゴラ村長が「顔とか生まれとか、変えられないものをさげすむのはちょっとなんか古い」と答えたことが「Twitter」で話題になって、それまでの女性芸人にはないアンゴラ村長の意見に賛同するものが多く見られた。

二〇一八年二月に放送の『ゴッドタン――The God Tongue 神の舌』（テレビ東京系、二〇〇五年―）の「腐り芸人セラピー」後篇では、若手女性芸人のAマッソ・加納愛子が「面白いと思われたいのに、番組アンケートが全部「彼氏いますか」「つきあった人数何人ですか」とかしかない」「イケメンがスタジオに来たときに「キャー！」っていう役割しか求められてない」「デブとブスしか求められてないんですよ、結局」と日頃感じていたことを語る。男女に求められる「らしさ」の違いによって、同じお笑い芸人でも違った視線を向けられているという事実をテレビで語っていたのはこのときが初めてだったように思う。

そのＡマッソには「進路」というネタがある。このネタは、村上愛演じる女子生徒が加納演じる先生に進路相談をするコントで、女子生徒はラーメン屋になる夢を打ち明ける。しかし彼女に「オープンしたら絶対に食べに来てな」と言われた先生の顔は曇る。ラーメンは好きなのに「女が作ったラーメン食べられへん」と偏見を丸出しにし、生徒が「男女とか関係ないやん」と言うが「男女とか関係ないって言うのだいたい女やねん」と返すのだ。ついには自分たちＡマッソのことを引き合いに出して、「あいつらは何がしたいかわからへん」「結局男の真似事にすぎひんねん」「見方がわからへんからな」とまで言う始末。『ゴッドタン』の加納のトークに続き、ここまで男女で感じる実感の違いが笑いになっているネタは初めて見た。

いまではこうしたトークもネタも見られるようになったが、当時は、Ａマッソにこの「進路」についてインタビューする媒体も多かったくらいだから、このネタが際立って見えたのは間違いない。しかし、彼女たちにとっては、あくまでもネタのうちの一本にすぎないという気持ちもあったようだ。

筆者も彼女たちのトークやネタに注目して記事にしたりインタビューしたりしたが、当時はまだ、お笑いをフェミニズムやジェンダーに絡めて語るのはご法度という雰囲気もあったように感じる。それは、お笑いは「聖域」であり、ジェンダーやフェミニズムで語ると、ネタという表現を制約してしまうとか、ネタを作ったこともない、ネタのよしあしが本当にわかっていない「評論家」のやぼな行為だと思われていたのだろう。もちろん、いまでもそのような雰囲気はあるかもしれないが、このころよりはかなり薄れてきているとも感じる。いや、批評をやぼだと思う人も増えているのかもしれないが、それよりは必要であると思う人のほうが増えているのではないか。

2 エンパワーメントする女性芸人たち

女性芸人が異を唱え始めたころ、同時に行動で女性としてのポジティブなメッセージを発信する女性芸人も目立ってきた。代表的なのは、前章「テレビ史から見える女性芸人というロールモデルと可能性」でも取り上げた渡辺直美だろう。彼女は「Instagram」にファッショナブルな自分の姿を投稿し、そのことが見ている者の自己肯定感を高める。そのメッセージは日本に限らず台湾やアメリカでも受け止められ、自身のワールドツアーも成功させた。こうした活躍は事務所のバックアップあってのことと思っていたが、二〇二〇年八月十一日放送の『華丸大吉&千鳥のテッパンいただきます！』（フジテレビ系、二〇一九年—）を見ると、実際には正反対だったことがわかった。

渡辺は、アメリカに留学する際も、事務所からは「帰ってきても仕事はない」と言われ、半ばたんかを切って渡ったというし、帰国後に単独ライブをやりたいと相談しても事務所は金を出さないと言ったために自腹でニューヨークやロサンゼルス、台湾のクラブでのワールドツアーをおこなったという。帰国後は事務所が手のひらを返したように評価したのでそれでうまくいくかと思いきや、「ここで、やっと吉本が理解してくれたので、二人三脚でアメリカに戦いにいけるなって思ってたんですけどねー」と微妙な面持ちで語る。

コメントが濁ったのは、その後、「Instagram」のDM（ダイレクトメッセージ）にアメリカの衣料メーカーGAPからコマーシャルのオファーがきたが吉本はそれを断り、渡辺は契約の事務手続きができる友人を介して話を進めたところ、事務所もそれならとやることになった、という経緯があるからだ。

これは、テレビのエピソードトークであり笑い話でもあるが、日本の現状を象徴しているようにも思う。これまで、有能な多くの人たちが日本では正当にチャンスを与えられたり認められたりすることがなく、海外に渡って注目されてはじめて国内でも認められるということがあったからだ。

単に海外進出だけの話ではない。有能な女性たちがいても、その力が存分に生かされない現実はある。日本の職場でも、女性は現場の調整能力があるとか潤滑油であることは求められても、実行力があることはなかなか求められない。渡辺は言葉で何かを訴えるタイプではないが、夢を明確にして自分のなかで計画を立てて一つひとつを実現していくタイプだ。その行動で見る者をエンパワーメントしているのだな、と思う。何より、『テッパンいただきます！』のエピソードを聞くと、「そんなのは夢物語だよ」「何を根拠に言っているの？」と夢や希望や企画や計画をつぶされてきた人たちや、空気に流されて希望や夢をもっていることさえ自分のなかに隠している人たちにメッセージをくれているような気がする。彼女は二〇二一年の四月から本格的にアメリカに拠点を移して活動することを発表した。

エンパワーメントでいうと、フォーリンラブのバービーや、芸能界を引退したブルゾンちえみ、現・藤原しおりなどもそうしたメッセージを発している。

ブルゾンちえみは、同じ事務所の男性芸人 with B の二人を従えて自信たっぷりにオースティン・マホーンの「ダーティ・ワーク」の曲に乗せて「地球上に男は何人いると思っているの？　三十五億」と語るというネタでブレイクした。二〇一七年にはこの「三十五億」が「「現代用語の基礎知識」選 2017ユーキャン新語・流行語大賞」のトップ10に入った。

このネタ自体が、男性がセクシーな女性を従えてパフォーマンスするロバート・パーマーのミュージックビデオを思い出させる。ロバートはイギリスで一九九〇年代に活躍したアーティストで、彼がボブヘアーでボディーコンシャスなミニのワンピースを着た女性を従えたミュージックビデオは衝撃的だった。女性たちはギターを持っているのだが実際には演奏しておらず、セクシーな記号だけをロバートの横で無機質にふりまいている。

ブルゾンの場合も、ネタをするのはブルゾンで、横の with B の二人はネクタイをゆるめシャツのボタンをはずして上半身裸になり、「35」「億」と書いてある背中を見せ、男性のセクシーな記号をふりまく。ネタに参加しているが男性はあくまでもサポートという役割が、ロバート・パーマーの反転であり、批評的なネタになっていた。

バービーが注目されたのは、二〇一八年十月二十七日放送の『メレンゲの気持ち』（日本テレビ系、一九九六―二一年）での自宅訪問の企画で彼女の本棚が映り、そこに牧野雅子の『刑事司法のジェンダー』（インパクト出版会）などの本が並んでいたのがきっかけだった。当時、「Twitter」がそのことでにぎわったのも覚えている。その後、その番組を見ていた本書の筆者でもある武田砂鉄氏が自身のラジオ番組に呼んで彼女が普段考えていることに迫り、その後は「FRaU web」でエッセーを連載して書籍にまとめて出版し、ラジオパーソナリティーを務めたりワイドショーのコメンテーターをしたりするようにもなった。

彼女の連載エッセー「本音の置き場所」の第一回は「胃袋を摑む」という言葉への反発をつづっていて、「特に「女芸人」という括りで語られるとき、「綺麗でもなくスタイルも良くない子は胃袋を摑むしかない」と言われているようで、それはつまり「あなた（男性）にとって都合良い女でいるから側にいさせて」というスタンスを強要させられているようで、嫌だった」と書いているのを見て、また一歩、女性芸人が前進したなと思った。

渡辺直美、ブルゾンちえみ、バービーの三人に共通するのは、海外の文化への関心である。渡辺はブレイクしたネタがビヨンセの形態模写であることからもわかるようにアメリカのショービジネスに親しみがあり、実際に家を買って本拠地をアメリカに移した。ブルゾンちえみもやはりネタを見ても海外志向だとわかるし、芸能界をやめて留学を準備していた（新型コロナウイルス禍でそれはまだ実現していないが）。また、バービーも東洋大学のインド哲学科出身で、外国の男性との交際についてのエピソードも多い。筆者のことを考えてもそうだが（筆者の場合は韓国だ）、国内のことを見ているだけではなく、海外文化に親しみ、自国の現状に対して客観的になることでフェミニズムの目線をもつ人は多いのかもしれないと思える。

3 第七世代の女性芸人たちのホモソーシャルへの正当な怒り

二〇一七、一八年ごろには、女性芸人たちが自身の振る舞いや言動でエンパワーメントしたり、心の中にわだかまっている疑問を吐き出したりすることが多かった。第七世代の芸人たちが台頭するようになると、女性芸人たちのこうした提言はさらに進化していった。

なかでもヒコロヒーの登場は大きかった。彼女自身は、松竹の養成所時代に前述のAマッソと同期で学んだ十年選手のピン芸人だ。二〇一九年の『M―1グランプリ』(テレビ朝日系、二〇〇一年―)の予選では、同じ松竹芸能の先輩男性芸人のみなみかわに誘われて組んだコンビ、ヒコロヒーとみなみかわとしてネタを披露した。

そのネタでは、ヒコロヒーが「男芸人みたいな女芸人」を、みなみかわが「女芸人みたいな男芸人」を演じる。つまり、男女の視線を反転して見える世界を描いて、ヒコロヒーがみなみかわに「男捨ててへんのか」「ちんちん小さいな」「男芸人すぐ泣くからな」と言うことで、長年、女性芸人たちが男性芸人たちから、悪気がない(からといって許されるべきではない)侮蔑にどれほどさらされてきたのかをわからせたのだ。

ヒコロヒーとみなみかわのネタについて、ヒコロヒーは、「私が女性芸人としてお笑いをする上で感じるジェンダーバイアスへの不満を、男性芸人であるみなみかわさんにぶつけくさし散らし倒すというキュートでハッピーなものだった」とはっきり語っている。キュートでハッピーという言葉が、「そんなに衝撃を受けること？　当然のことでしょう？」とでも言いたげでいいではないか（ヒコロヒー「「女性芸人」と呼ばれ10年。ジェンダーバイアスについて考えないほうが嘘」「かがみよかがみ」〔https://mirror.asahi.com/article/13576805〕［二〇二一年三月四日アクセス］）。

ヒコロヒーがこれまでの女性芸人がやってきたことの集大成を表現していて、また少し違っているのは、男社会に対しての明確な違和感をもち、それをネタに昇華していて、彼女自身『82年生まれ、キム・ジヨン』（チョ・ナムジュ、筑摩書房、二〇一八年）などを読んでいて現在のフェミニズムとも連動していることだろう。

もちろん、こうして言及することでそのイメージがキャラ化し消費されるのは避けたい。ヒコロヒーも連載で言及しているように、「タブーに触れた」「男社会に斬り込んだ」と大げさに捉えるのではなく、「カジュアルに、フランクに、そこの居酒屋すぐ潰れそうな空気でてるよな、くらいのテンションで、いつまで女ははよ結婚しろって言われなあかんのやろな、と、軽やかにトピックを浮かべていけば良い」という彼女のようなスタンスで私も見たいし、本章も特別に「斬り込んだ」ことを言っているのではなく、彼女ら女性芸人たちの言動をそのままに書いているのだ。そうすることで、彼女たちの活躍を型にはめるのではなく、共鳴できればいいなとも思っている。

こうした当たり前の疑問を当たり前に呈することができる環境はどんどん広がっている。二〇二〇年十一月二十八日・十二月五日の『ゴッドタン』「マジ歌ルーキーオーディション」前後篇には、ヒコロヒー、ラランド・サーヤ、蛙亭・岩倉美里などが出演。特に、それまではどこか女性たちとは相いれない雰囲気も感じさせることがあった岩倉の心の叫びだからこそ、見ていて胸がアツくなった。

彼女は、その歌で「今まで作家さんに言われてきた言葉」として「女にしては面白い」に始まり、「尖ってる女は痛々しい」「相方に抱きついているネタの時は、胸は当たっているの？」などを挙げ、それを「全部ヘラヘラして乗り越えてきた」という。「耐えられた理由はただ一つ」として、「私はお前らより絶対に面白い！」「面白い人は性別で笑いを判断しない」「それだけが紛れもない真実！」と叫んだ。岩倉の歌を聴いて芸人もアーティストなのだと思えたし、岩倉の叫びは自分たちと地続きだった。

女性芸人を取り巻くテレビ業界や芸人界のホモソーシャルやミソジニーは画面を通してだけではわかりにくいが、実はまだまだ蔓延しているし、またラジオや「Youtube」チャンネルになると、自身の濃い男性ファンしか聞いていないとか、自分の女性ファンはそういうところも許してくれると気が大きくなってミソジニーが露呈することがまだまだあるということも付け加えておきたい。

4 テレビによるバックラッシュ

二〇一九年以降、女性芸人は自己肯定感を取り戻し、自分を卑下して笑わせるネタも減り、男芸人の雑なブスいじりでは見ている者も笑わなくなってきた。女性芸人が増えてきて、女性だけがひな壇に座る番組も作ることが可能になってきたが、一方で、無理やりバトルをけしかけられることもまだまだあるし、女性芸人だからと言って恋愛ネタを強要されることもある。Ａマッソの村上が『ゴッドタン』で語ったことは現在も変わっていないのである。しかし、そんな番組は、見ているほうも鼻白むだけだし、そのバトルはスタッフが出すカンペ（カンニングペーパー）の指示によるもので、そのカンペを芸人たちが見ている視線にも視聴者は気づいている。それでもなお、彼女たちがそれに従わないといけないことがあるだろうことも、もちろん知っている。

ただ、こうした「お約束」に反論する者も出てきている。かなり前だが、『有田ジェネレーション』（ＴＢＳ系、二〇一六年―）二〇一七年十二月七日放送の「FUNKY ジェネレーション」は芸人同士が「普段言えない不満をビートに乗せてただただぶつけあう企画」で、男性芸人たちはお互いの弱点を指摘してバトルを繰り広げた。しかし、ゆにばーす・はらと、まんぷくフーフー・松丸ほるもん（現在は相方と結婚して活動休止中）の組み合わせのときには、お互いにおいしかった和菓子やごはんやコスメティックの話で盛り上がる。女性芸人だからスイーツやコスメの話になるのは安易と言えば安易だが、仕掛けられて無理にバトルをするのではなく、彼女たちがしたい話をするということ自体が男性主導のお笑いに対するカウンターにもなっていて空気感が楽しく、「ずっと見ていたい」ものだった。

最近では第七世代の女性トリオのぼる塾の田辺智加（田辺さんと書きたくなるのをぐっとこらえながらの敬称略）も、『ダウンタウンＤＸ』（日本テレビ系、一九九三年―）で「女芸人がよく対立させられるのが女性アナウンサーなんですよ」と発言し、『しゃべくり００７』（日本テレビ系、二〇〇八年―）の二〇二〇年九月十四日の放送で、やはりぼる塾のあんりも「楽しくないことがいやなんですよ。私たちが楽しんでる姿を見て楽しんでいただきたい」と発言した。

女性同士のバトルをいまだにやっているのは「古い」番組だからいずれはなくなるのだろうと高をくくることもできるが、それに代わるようにして新たに出てきたのは、女性芸人の不満でいっちょ番組を作ってみようというものである。もちろん、『ゴッドタン』などは女性芸人のフェミニズムを正統にポジティブに扱った元祖であり、ヒコロヒー、ラランド・サーヤ、蛙亭・岩倉の心の叫びが聞けた「マジ歌ルーキーオーディション」が現時点での一つの到達点なのだが、その空気を安易に「どうやらフェミニズムが盛り上がっているらしいぞ、これはいっちょ、この状況もいじってやろう」という考えで利用しようとする者も当然出てくる。

「女同士のバトル」はいつしか「男対女のバトル」に変えられてしまった。憶測だが、彼女たちのもとには、たくさんの類似した番組が用意したアンケートが届いているのではないだろうか。

『水曜日のダウンタウン』（TBS系、二〇一四年―）の二〇二一年二月十七日の放送では、「ネタ番組でつけられたキャッチフレーズ、どんなにしんどいモノでも渋々受け入れちゃう説」という企画があり、3時のヒロインには「男社会に喝！女性差別絶対反対！超濃厚フェミニズムトリオ！3時のヒロイン！」というキャッチフレーズがつけられて困惑していた。またスタッフから「フェミニズムの直接的表現に配慮した」ということでつけられた二発目のキャッチは「ズバッと鋭く論破論破論破！男社会にタックルだ！令和のトリプル田嶋陽子！3時のヒロイン！」であり、その後、この企画が『水曜日のダウンタウン』によるものだとバラされる。

スタジオでは「えらいこと言われんなあ……」という声もあったが、彼女たちがフェミニストだと決め付けられることが「えらいこと」だとしたら、どこかピントがズレているような気がした。前述のように、女性芸人の多くは自分をフェミニストとは言わなくても（そこには、自分はフェミニズムが体系立ててわかっているわけではなく、実感を語っているだけという遠慮があるのだろう）、フェミニズムに即した憤りや疑問を感じている。3時のヒロインも、ヒコロヒーや蛙亭・岩倉のような芸風ではないから直接的には男性社会への怒りをあらわにすることはないが、疑念がないわけでもないだろう。

女芸人が自分の言葉で語るようになった現在、バックラッシュが起こり、彼女たちの変化をポジティブに捉えること自体を冷笑的に見てやゆするような企画も増えるかもしれない。しかし、それに惑わされないで、女性芸人も彼女たちを見守るお笑いファンも「わきまえない女」であってほしいし、そうでありたいと思うのだ。

第5章 バラエティー番組の暴力性 ——性的マイノリティをめぐる表現から

松岡宗嗣

二〇二〇年の大晦日の夕方。テレビをつけると俳優の松平健がお笑いコンビ・ダウンタウンの松本人志の胸をもみながら鼻息を荒らげている姿が映り、そっとチャンネルを変えた。

その番組は、二〇〇三年から毎年十二月三十一日に放送している日本テレビ『ダウンタウンのガキの使いやあらへんで!』(一九八九年―)の特別企画「絶対に笑ってはいけない大貧民 GoTo ラスベガス24時!」。一七年の「絶対に笑ってはいけないアメリカンポリス24時!」では、浜田雅功が映画『ビバリーヒルズ・コップ』(監督:マーティン・ブレスト、一九八四年)のエディ・マーフィをまねするために顔を黒く塗った「ブラックフェイス」で登場し、黒人差別だと多くの批判を集めたことを覚えている人は多いだろう。

番組は、メインの出演者がその年のコンセプトに合わせた衣装に着替えるシーンから始まる。例年、浜田だけが女装するが、二〇〇七年の「絶対に笑ってはいけない病院24時」や一一年の「絶対に笑ってはいけない空港24時」ではメイン出演者全員が女装。登場シーンでは笑いが起きていたことを筆者はよく記憶している。

現在では「ホモ」や「オカマ」などの言葉はテレビでは基本的には使われなくなってきた。しかし、同性愛やトランスジェンダーなどに対する蔑視的な表現はいまでも散見できる。しかも、それが〝あからさま〟なものではなく、行為者も無意識のうちに、ある種〝巧妙に〟用いてしまっている。

筆者はゲイであることを公表し、いわゆるLGBT（またはLGBTQ＋など）という性的マイノリティに関する情報を発信している。本章では、テレビでの特に男性同性愛を中心にした表現の問題点や暴力性、近年のLGBTムーブメントによる変化などをたどっていきたい。

1　「女装」のトリプル蔑視

まず、冒頭に取り上げた「絶対に笑ってはいけない」シリーズの浜田雅功による「女装」と、それをやゆする周囲の人々の問題点について考えたい。

シスジェンダー・ヘテロセクシュアルの男性が「女装」によって笑いをとるというシーンは、テレビに限らず、例えば会社や大学サークルの飲み会の余興、学園祭の出し物などでも見られることがある。

この「女装」によるやゆは、実は女性蔑視、同性愛嫌悪、トランスジェンダー嫌悪というトリプルパンチならぬトリプル蔑視を含んでいる表現だといえる。まず、男性が女性的な装いや振る舞いをすることを「おかしい」とする構図は「男性なのに、女性なんかのまねをする」という意味を含み、トランスジェンダーに対する蔑視はもちろん、女性に対する蔑視をも含んでいる。

同時に、「女装」した本人が別の男性と絡むのを見て「気持ち悪い」という笑いが起きることも多々あるが、あくまでも周囲は「女装」をしている本人のことを「男性」として認識しているため、男性の同性愛関係を想起して笑う。ここには同性愛への蔑視や嫌悪も含まれてくるのだ。

二〇一四年、筑波大学の学園祭の「芸バー」という企画がインターネット上で多くの批判を集めて中止になった。一七年には、長崎大学の学園祭で企画されていた「オカマカフェ」も、同様の批判を集め企画を変更。これらに共通するのは、シスジェンダー・ヘテロセクシュアルの男性が「女装」をし、「ホモ」や「オカマ」などの同性愛蔑視やトランスジェンダー嫌悪を用いながら、客に対して性的な接触などをして笑いをとるという構図だ。

こうした企画が生まれる背景には、特にテレビなどで長年繰り返されてきた同性愛やトランスジェンダーなどに関する侮蔑的な表現、または「オネエ」タレントの存在が影響していると言えるだろう。

2 「オネエ」という枠

現在では、マツコ・デラックスをはじめとする「オネエ」タレントをテレビで見ない日はない、というほどにさまざまなタレントが活躍している。

「オネエ」タレントの登場は、社会に対してポジティブな影響も与えている。例えば、それまで同性愛などを「気持ち悪い」と笑っていた人たちの意識を変えるきっかけになったり、シスジェンダー・異性愛規範が根強いテレビ業界での〝普通〟や〝当たり前〟とされる規範を揺さぶったりする側面もあるだろう。こうしたタレントが〝キワモノ〟的な扱いを受けるだけでなく、考え方や発言の内容に対し賛同や尊敬を集めることも多く、性の多様性を受容する社会に向けて大きな影響を与えている。

その一方で、同性愛者やトランスジェンダー、または異性装などをすべて「オネエ」と一緒くたにすることで、性的マイノリティ＝「オネエ」という社会の認識を強化していることや、男性／女性ではない第三のカテゴリーとして「オネエ」を位置づけてしまうことなど、現実社会でさまざまな弊害が起きている面もある。

筆者は二〇一四年ごろから教育機関や企業、自治体などで「性の多様性」に関する研修や講演をおこなっているが、当初はＬＧＢＴや性的マイノリティという言葉についてどういったイメージをもつか聞くと、「マッコ・デラックスを想起する」や「モンスターといったイメージをもつ」という声も少なくなかった。そのため、筆者がシスジェンダーのゲイであることを伝えると「全然見えなかった、思ったより〝普通〟なんですね」という回答が返ってくることも多々あった。

「オネエ」タレントのなかには、例えばシスジェンダーのゲイとして「女装」をしている人や、トランスジェンダー女性もいる。最近ではシスジェンダー・ヘテロセクシュアルの男性が、自ら〝女性らしい〟とされる振る舞いを自分らしいものとして取り入れて表現していることもあるが、それらもすべて「オネエ」とくくられてしまうことがある。

二〇一九年十二月に、ある授賞式に登壇したものまねタレントのりんごちゃんは、報道陣から「実際のところ性別はどうなのか？」という非常に乱暴な質問を受けて「りんごちゃんはりんごちゃんです！」と宣言している。(1) しかし、司会者の今田耕司は「りんご〝ちゃん〟やねんなあ……さっき（舞台裏）まではりんご〝くん〟だったのにね」「（男性用の）トイレで会ったら、ちょっと（股間を）のぞき込んでしまいますけどね」などと発言し、SNS（会員制交流サイト）上でも批判を集めた。別のテレビ番組でも司会の明石家さんまが「りんごちゃんなんかは男やろ？　でも女物か、着てるの」「おっさんやないか！」などと発言し同様に批判的な声が寄せられた。

このように、テレビの外の社会では「性のあり方」に対する認識がアップデートされつつあるなかで、テレビのなかにいる人、特にテレビ番組制作の意思決定の場にいる人々の認識が変わらないために差別やハラスメントが繰り返されてしまっている。

冒頭にシスジェンダー・ヘテロセクシュアルの男性による「女装」の弊害についてふれたが、これは決して「女装をしてはいけない」ということを言っているわけではない。性に関するアイデンティティや表現はそもそも多様であり、どんな人であっても自由な表現が保障されるべきだ。重要なのは、「女装」することが「気持ち悪い」「おかしい」「普通ではない」など、侮蔑的に表現されたり、規範的な性に関する表現以外を劣位に置くようなメッセージを発信したりしていないか注意が必要だということだ。

テレビの発信は、社会の規範意識の形成に大きな影響を与えている。だからこそ、テレビの業界を担う一人ひとりの性に関する認識を問い直し、アップデートしていく作業が求められるだろう。

3　「保毛尾田保毛男」という転換点

二〇一〇年代に入って「性の多様性」に関する社会の認識の変化はより顕著になってきた。その大きなきっかけの一つが、一五年の渋谷区と世田谷区の「パートナーシップ制度」導入をめぐる報道の増加だろう。ジャーナリストの古田大輔によると、全国紙とＮＨＫのデータでは、〇六年から一〇年の間でＬＧＢＴという文字が入っている記事は二十七件、これが一一年から一五年では六百六十六件、一六年から二〇年では四千六百六十二件と急増したという(2)。

二〇二〇年五月に発表された厚生労働省の委託調査(3)によると、シスジェンダー・ヘテロセクシュアルの人々のうちＬＧＢＴという言葉を知っている人は六〇％を超えていて、性的マイノリティをめぐる社会運動の広がりを実感する。

こうした動きについて、残念ながらテレビは報道という側面では取り上げながらも局全体ではカバーしきれず、特にバラエティー番組での性的マイノリティをめぐる表現について、ある象徴的な炎上事件が起きてしまった。それが、フジテレビの『とんねるずのみなさんのおかげでした』(一九九七—二〇一八年)で登場したキャラクター「保毛尾田保毛男」をめぐる炎上だ。

二〇一七年九月二十八日、フジテレビ『とんねるずのみなさんのおかげでした』三十周年記念スペシャル番組で、石橋貴明扮する「保毛尾田保毛男」というキャラクターが復活。顔の下半分を露骨な青髭、頬はピンクに塗り、くぐもった話し方をする「保毛尾田保毛男」に対し、木梨憲武が女装をして演じる「ノリ子」が「あんたホモでしょ?」と聞くと「ホモでなくて、あくまでも噂なの」と答えるという当時の鉄板ネタを披露した。

放送後はSNSを中心に批判が殺到し、放送翌日には性的マイノリティ関連の団体からも「「ホモ」という単語は男性同性愛者に対する蔑称であるとともに、その存在自体を嘲笑の対象として表現することは、今なお日本社会に残る性的少数者への差別や偏見を助長する」(4)と、フジテレビに対して抗議声明を提出。フジテレビの宮内正喜社長が定例会見で謝罪するに至った。

「ホモ」という言葉は近年では使われなくなってきたが、依然として男性同性愛を侮蔑的に呼称する表現は見聞きする。そんななか、二〇一七年に地上波の番組で「ホモ」という言葉が何のフォローもなしに、ただただ差別的な内容で放送されたことに筆者は驚きを隠せなかった。

「保毛尾田保毛男」というキャラクターは、男性同性愛者という属性をおとしめる「ホモ」という言葉やステレオタイプを用いて、カリカチュアライズ、つまり面白おかしく誇張・戯画化することで笑いを生み出そうとしている。

前述の厚労省委託調査を見てみると、職場でゲイであることを誰か一人にでもカミングアウトしているという人はたったの五・九％、家族に伝えている人は八・九％と、ほとんどの人は家族や同僚には伝えていないことがわかる。レズビアンやバイセクシュアル、トランスジェンダーに関しても同程度の割合だ。

カミングアウトしたくてもできないのは、開示することが差別やハラスメントの被害へとつながってしまう恐れがあるから。テレビがこうした差別や偏見を助長してきた側面は大きいだろう。

筆者は自分自身がゲイだと自覚し始めたころ、テレビで「オネエ」タレントがどのように扱われているかを見ながら、ゲイであることは「笑いにするか、完全に隠して生きるしか道はない」と無意識のうちに思い込んでいた。学校でも「ホモきもい」といった言葉を聞くことは多々あり、筆者の場合は幸いにもいじめなどの問題には発展しなかったが、一方で、現在でも十代のＬＧＢＴの約半数がいじめ被害を経験しているという調査結果がある(5)。

「保毛尾田保毛男」が復活し、懐かしいと笑った人もきっといるだろう。しかし、例えばこの番組を家族と一緒に見た性的マイノリティの子どもたちはどう受け取っただろうか。「懐かしい」「気持ち悪い」と笑っている親の隣で、自分の性のあり方を否定されて苦しい思いをしている性的マイノリティの子どもたちを想像すると、強い憤りを覚える。

さらに、子どもたちは周囲の大人たちの振る舞いや言葉からいろんなことを学び取っている。テレビが率先して差別意識や偏見を植え付けることによって、当事者の子どもたちを抑圧し傷つけるだけでなく、多くの子どもたちに「同性愛はやゆしてもいい」という態度を示してしまうことにもつながりかねない。テレビの影響力が大きいからこそ、こうした点からも早急な認識のアップデートが必要ではないだろうか。

どうしても三十年前のキャラクターを記念番組で登場させたいと思うのであれば、そのまま登場させるのではなく、せめて差別的な表現を修正したり、または差別的な文脈をむしろ指摘するような演出を加えることで、視聴者に対しても認識のアップデートを促すことができたかもしれない。やはり、テレビ局の内部で性のあり方に関する固定的な認識が変わらずに残り続けていたことが、この炎上事件へとつながったのではないかと考える。

4 報道でも起こる問題

性的マイノリティに関する表現をめぐる〝炎上〟は、バラエティー番組だけにとどまらない。

二〇一九年五月十日には、読売テレビのニュース番組『かんさい情報ネット ten.』(二〇〇九年―)で、見た目で性別がわかりづらい一般の人に対しリポーターが保険証を提示させたり、胸を触るなどして確認をする企画が放送された。(6) スタジオでは、コメンテーターとして出演していた若一光司が「許しがたい人権感覚の欠如」と激怒。性のあり方を〝暴く〟ような内容に、インターネット上でも多くの批判の声が上がった。その後、読売テレビは公式サイトに謝罪文を掲載し、当面のあいだコーナーの放送を休止。ＢＰＯ（放送倫理・番組向上機構）もこの件について「放送倫理違反」として意見書を発表した。(7)

テレビ山口でも、二〇一九年十一月十四日に放送した情報番組『週末ちぐまや家族』（二〇〇五年―）のコーナーでリポーターが、作業着姿で車のオイル交換をしていたトランスジェンダーの市民を取材。(8)放送ではその人のことを「珍 女性のような男性」と取り上げ、さらに取材を受けた本人は放送内容について事前に説明を受けていなかったことが発覚した。「女性のような男性」という放送をしたことは、本人のアイデンティティをおとしめる差別的な表現であるだけでなく、本人の同意なく第三者に性のあり方を暴露するアウティングは、場合によっては命の問題につながる危険な行為だ。放送後、取材を受けた本人からの抗議や視聴者からの批判的な声をふまえ、テレビ山口は翌十五日に公式サイトで謝罪した。

二〇一九年五月には改正労働施策総合推進法（パワハラ防止法）が成立し、性的指向や性自認に関する情報は機微な個人情報として位置づけられ、前述したようなアウティングや、性的指向や性自認に基づく侮蔑的な言動、いわゆるＳＯＧＩハラもパワーハラスメントとして企業などに防止対策をとることが義務づけられた。これはテレビの放送内容に直接的に関係するものではないが、職場での性的指向や性自認に関する適切な研修などは義務づけられていて、性の多様性に関する認識の欠如によるハラスメントなどは「知らなかった」ではすまされないフェーズにきている。

5 『おっさんずラブ』現象と変わらない構造

前述したようなバラエティーや報道の〝炎上〟事件が続いたことで、テレビ番組での〝露骨な〟差別表現などは少なくなってきた。一方で、冒頭にもふれたような、〝巧妙な〟侮蔑的な表現はいまでも用いられている。

二〇一八年四月からテレビ朝日系列で放送したドラマ『おっさんずラブ』が大きな反響を呼んだ。ドラマでは男性同士の恋愛を極めてポジティブに表現したことが好感を呼び、シーズン2や映画化も続き、その後もさまざまなBL（ボーイズラブ）マンガが実写化されるなど、男性同士の恋愛を描くドラマの増加に貢献した。「「現代用語の基礎知識」選 2018ユーキャン新語・流行語大賞」でトップ10入りを果たし、『おっさんずラブ』現象と呼ばれるほどの注目を集めた。

一方で、こうした『おっさんずラブ』の趣旨を履き違え、ブームや名前だけを利用した番組をテレビで放送することで多くの批判を集める事態も起きている。

二〇二〇年四月十八日にフジテレビ系で放送した『さんまのFNSアナウンサー全国一斉点検2020』（二〇一九年―）では、プライベートでも仲がいい男性アナウンサーの二人が食事や温泉にいくシーンの隠し撮りを取り上げ、「奇妙な距離感」「おっさんずラブ状態のアナウンサー…ヤバくない!?」と放送した。(9)

ほかにも二〇二〇年十月十九日にＴＢＳ系で放送した『有田プレビュールーム』（二〇二〇年―）では、お笑いタレントの出川哲朗が「おっさんずラブドッキリ」と題し、お笑いコンビ・エイトブリッジの別府ともひこに上半身裸で接触。「芸能界はこうやって仕事をとってくるから」などと言いながら胸を触ったりＴシャツを脱がせて抱きついたりするなど、いずれの番組もインターネット上では批判的なコメントが多く寄せられた(10)。

本家『おっさんずラブ』が（問題がある表現は含みながらも）同性愛をポジティブに描ききる姿勢だったのに対して、両番組ともに男性同性愛を「異質」なものと位置づけてやゆするような笑いを演出している。フジテレビの番組は、そもそも本人のセクシュアリティは誰にも決めることはできないはずだが、男性二人が〝仲がいい〟というだけで、同性愛であるかのように決め付け、それを「ヤバい」と表現することは差別意識を多分に含んでいる。ＴＢＳの番組に関しても、同性間であれば、または「おっさんずラブ」と言えばセクハラ（セクシュアルハラスメント）やパワハラが許されるわけではない。露骨に性的な接触を演出することでゲイなどに対する偏見を強化し、さらにハラスメントという加害の様子を放送することは同じく問題だろう。

6　「YouTube」だったらいいわけじゃない

テレビのバラエティー番組では、同性愛をはじめ性的マイノリティを異質なものと位置づけてやゆするような笑いが、まだまだ続いている。性に関するものだけでなく、「チビ」「ハゲ」「デブ」「ブス」など、相手の属性や容姿をことさらに取り上げてやゆしたり侮蔑したりするような笑いもいたるところで起きている。こうした笑いは、特に傷つくこともなく失うものはない安全地帯にいる人間が相手の属性をこき下ろすような〝弱い者いじめ〟的な表現だと言えるのではないだろうか。

筆者自身も、こうしたテレビの笑いにへきえきすることは多く、テレビとの距離は遠くなってしまった。インターネットを見てみると、例えば「Netflix」で性の多様性を丁寧に描く良質なコンテンツを見ることができ、「YouTube」では、性的マイノリティの当事者による動画も増えてきた。侮蔑的な言葉で〝突然殴られる〟ような状況は、テレビを見ているときよりも少なくなってきたと感じる。

その一方で、「YouTube」をはじめとするインターネット上のコンテンツでも、性的マイノリティに関する侮蔑的な表現がないわけではない。

二〇二〇年七月二十二日に公開されたお笑い芸人の宮迫博之の「YouTubeチャンネル」にアップされた動画[11]では、〇〇年代にテレビにも登場していた宮迫扮する「轟さん」というキャラクターが復活し、ロコンドという会社について紹介した。「轟さん」はタンクトップにタイツ、黒く太い特徴的なメイクをして、「女性が嫌いで男性が好きという〝趣向〟」だと明言し、同性へのセクハラで笑いをとる。これも同性愛者をカリカチュアライズした表現であり、構図としては前述した「保毛尾田保毛男」とまったく同じと言えるだろう。

このほかにも、日々「YouTube」に投稿されている動画のなかには、例えばシスジェンダー・へテロセクシュアル〟の男性が同性に対して過度なスキンシップをして「気持ち悪い」というオチで終わる〝ドッキリ企画〟など、侮蔑的な表現は多数見受けられる。

7　すでに性は多様であることを反映するために

性的マイノリティに関する社会の認識の変化が広がるにつれて、テレビの表現も変わりつつあることは確かだろう。しかし〝規範的〟ではない、つまりシスジェンダー・ヘテロセクシュアルではない性のあり方や表現は、まだまだ異質・特殊なものとして位置づけられている。

こうした状況を維持し続けている大きな要因が、シスジェンダー・ヘテロセクシュアル男性中心主義の社会構造であり、テレビ局内の意思決定がこうした同じ属性の人たちだけによって下されていることが挙げられるだろう。女性蔑視や同性愛・トランスジェンダー嫌悪などを背景としたホモソーシャルなコミュニティを温存させ続けるかぎり、前述した差別的・侮蔑的な表現はなくならないのではないか。

二〇二〇年九月八日、アメリカのアカデミー賞は作品賞へのノミネート条件に「多様性」の項目を設置し、二五年から適用すると発表した[12]。ここでは、作品のストーリーや役者、または制作スタッフのなかで、女性や人種・民族的マイノリティ、性的マイノリティ、障害者などの人材を起用することを要件と定めている。

これは非常に重要な決定であり、シスジェンダー・ヘテロセクシュアル男性を中心にした社会を変えていくためには、例えばテレビ番組でも「どんな人を登場させ、どう描くか」という問題と、「そもそも番組を制作するスタッフにどんな人たちがいるか」という問題の両面でこのような変革を進めなければ状況は変わらない。

本章では、男性同性愛を中心にしたテレビの表現の問題を論じてきたが、まさにこの議論自体にも格差や不平等は温存されている。実際、レズビアンやトランスジェンダー男性などは、テレビの、特にバラエティー番組などでは不可視化されたままだ。BLなど男性同性愛を描く作品は増えてきたが、それ以外の性のあり方を描くコンテンツはまだまだ多くない。

こうした現状は、意識的に行動していかなければ変わらない。テレビ業界は、制作の意思決定層に多様な性のあり方の人々を登用すること、同様に、番組のなかでも多様な人々を起用することが求められる。その際、第三の／特殊な立場として位置づけないような注意が必要だろう。まずシスジェンダー・ヘテロセクシュアルを前提とした性のあり方に関する自らの規範と向き合い、すでに多様である社会の実態を反映してほしいと思う。

注

（1）wezzy 編集部「りんごちゃん「男か女か」の性別イジりを終わりにする方法」「wezzy」、二〇一九年十二月五日（https://wezz-y.com/archives/71044）［二〇二一年二月二十四日アクセス］

（2）松岡宗嗣『国際人権法の視点「世論が法律を作るのではない」性的マイノリティの人権、国家に求められる責務」「Yahoo! ニュース」、二〇二一年一月二十八日（https://news.yahoo.co.jp/byline/matsuokasoshi/20210128-00219840/）［二〇二一年二月二十四日アクセス］

（3）三菱ＵＦＪリサーチ＆コンサルティング「令和元年度 厚生労働省委託事業 職場におけるダイバーシティ推進事業報告書」厚生労働省、二〇二〇年三月（https://www.mhlw.go.jp/stf/seisakunitsuite/bunya/koyou_roudou/koyoukintou/0000088194_00001.html）［二〇二一年二月二十四日アクセス］

（4）「なくそう！ＳＯＧＩハラ」実行委員会／ＬＧＢＴ関連各団体／公益に関する各団体／及び当事者、アライ有志「番組内容に関する抗議について」「なくそう！ＳＯＧＩハラ」実行委員会、二〇一七年九月二十九日（http://sogihara.com/style/pdf/170929.pdf）［二〇二一年二月二十四日アクセス］

（5）ライフネット生命保険「第2回ＬＧＢＴ当事者の意識調査――世の中の変化と、当事者の生きづらさ 宝塚大学看護学部日高教授への委託調査」ライフネット生命保険、二〇二〇年八月三十一日（https://www.lifenet-seimei.co.jp/shared/pdf/20208-31-news.pdf）［二〇二一年二月二十四日アクセス］

（6）関根和弘「読売テレビのニュース番組、保険証の提示や胸を触って性別確認。「人権感覚の欠如」とコメンテーター激怒」「ハフポスト日本版」、二〇一九年五月十一日（https://www.huffingtonpost.jp/entry/ytv-news-program_jp_5cd687a3e4b054da4e89be2a）［二〇二一年二月二十四日アクセス］

（7）放送倫理・番組向上機構「読売テレビ『かんさい情報ネット ten.』「迷ってナンボ！大阪・夜の十三」に関する意見」放送倫理・番組向上機構ウェブサイト、二〇一九年十二月十日（https://www.bpo.gr.jp/?p=10156&meta_key=2019）［二〇二一年二月二十四日アクセス］

（8）伊藤宏樹／杢田光「性的少数者を「珍 女性のような男性」テレビ山口」「朝日新聞デジタル」二〇一九年十一月十四日（https://digital.asahi.com/articles/ASMCG5S30MCGTZNB015.html）［二〇二一

年二月二十四日アクセス］

（9）「男性仲良すぎはヤバい？フジ番組が「同性愛差別では」と波紋」「ＷＥＢ女性自身」二〇二〇年四月二十二日（https://jisin.jp/entertainment/entertainment-news/1853041/）［二〇二一年二月二十四日アクセス］

（10）「出川哲朗ドッキリにおっさんずラブファンからも非難の声が」「ＷＥＢ女性自身」二〇二〇年十月二十日（https://jisin.jp/entertainment/entertainment-news/1905679/）［二〇二一年二月二十四日アクセス］

（11）宮迫博之「轟さん in バイトはじめちゃいました【コント】協力：田中社長【ロコンドで史上最高のキャンペーンが始まりました】」「宮迫ですッ！【宮迫博之】チャンネル」二〇二〇年七月二十二日（https://youtu.be/MGJOyrWLDXw）［二〇二一年二月二十四日アクセス］

（12）「米アカデミー賞、作品賞に「多様性」の条件設置へ」「BBC NEWS」二〇二〇年九月九日（https://www.bbc.com/japanese/54082958）［二〇二一年二月二十四日アクセス］

第６章　なぜワイドショーはずっとああいう感じなのか

武田砂鉄

1　ワイドショーは議論されない

おそらく、わざわざこういった本を読む人は、ワイドショーという存在を好んではいないだろうし、おおよそ見る習慣をもっていないのではないかと踏んでいる。日頃から、見ていないくせに、あんなもん、しょうもない、という態度をとっているのではないか。ところが、それに対し、その態度ってどうかと思うよ、と指摘してくる人はいない。

ワイドショー批判って、実に安全である。ときたまワイドショーについて原稿を書いたりツイートしたりする自分には、安全という自覚が強くある。期待外れと感じた映画やドラマについて厳しく言及するにあたって多少なりとも頭によぎる、「これを言ったら、誰かから何かを言われるのではないか」という慎重さが求められない。「おいおい、また坂上忍が、真面目に伝えるトーンと不真面目に伝えるトーンを自己管理して、その流れに乗っかろうとしない芸人を茶化してるぜ！」だとか、「軽部真一って、タレントにインタビューするときに、いつも自分の経験、つまり、コンサートに行ったとか、あの作品は特に思い出深くて、そのころ自分はこうだった、みたいな話ばかりしてるよな！」と言っても、特に誰からも批判が返ってこないのだ。

ワイドショーは議論されない。もう、長らく、「そういうもの」として固定されている。司会やコメンテーターが変動しようとも、それは「そういうもの」を崩すはたらきとはならない。「今日、家に帰ってから、録りためておいた『バイキング』を見るのが楽しみ」という人はいない（いるのだろうか）。瞬間的に流れていく。そこで放たれた発言がネットニュースをにぎわせることもあるが、そのニュースもまた、瞬間的に流れていく。

ワイドショーといっても、その定義が共有されているわけでもないし、居住地域や生活時間帯によって、何を見ているかは当然異なってくる。言葉の定義を追えば、「時事問題や芸能界の話題など多角的な内容を盛り込んだテレビ番組」（『新明解国語辞典』第八版、三省堂、二〇二〇年）とあるが、この定義では、かなり広範囲の番組を包み込んだままになってしまう。よって、まずは自分のワイドショーの視聴習慣を明らかにしておくのがいいだろう。ひとまず自分は、これらの番組を「ワイドショー」と位置づけて視聴している。

【平日】

・六時半ごろ起床し、朝食を食べるなどしながら、八時まで、『めざましテレビ』（フジテレビ系）、『あさチャン！』（TBS系）を交互に見る。
・八時から十分から三十分程度、『グッとラック！』（TBS系、二〇二一年三月で終了）、『とくダネ！』（フジテレビ系、二〇二一年三月で終了）、『モーニングショー』（テレビ朝日系）を回しながら見る。その後、仕事場に行くため、日によっては数分で消すこともあるし、最も長くて三十分、平均二十分くらい見る。
・十二時半から十三時半ごろまで、昼食を食べるなどしながら、『バイキングMORE』（フジテレビ系）、『ひるおび！』（TBS系）を交互に見る。
【金曜日】
・いつもは十九時から夕食を食べているのだが、金曜日は毎週二十二時からラジオの生放送があるので、十八時から夕食を食べるようにしていて、十八時から十九時まで『Nスタ』（TBS系）、『ライブニュースイット』（フジテレビ系）、『news every.』（日本テレビ系）を回しながら見る。夜の情報番組は、芸能ニュースあり、時事問題あり、デパ地下グルメありと、「ニュース」ではなく、「ワイドショー」の枠組みに入れるのが無難だろう。その日のニュースを知りたいのになかなかニュースをやらないといういら立ちを毎週抱える。
【土曜日】
・七時ごろ起床し、八時まで『ズームイン!!サタデー』（日本テレビ系）を見る。
【日曜日】

・時折、『サンデージャポン』（TBS系）、『ワイドナショー』（フジテレビ系）を見る。

2　毒でもタブーでもない

こうして一覧にしてみると結構な時間をワイドショーに費やしているが、もちろん、毎日、楽しみでたまらないからこれらを見ているのではなく、いま、目の前で起きている事象について、これらの番組がどのように伝えるのかを見るのが「世間」の把握につながると考えているからである。いや、そんなたいそうな目的などない。ただただ、なんとなく見ているだけだ。

ネット社会がいくら膨らもうとも、トレンドワードとして浮上するものはテレビ番組に依拠したものが多い。たとえばこれを書いている現在では、トレンドワードに「小籔千豊」とあり、クリックしてみると、彼が『ミント!』（毎日放送）で二月十二日に、東京都オリンピック・パラリンピック大会組織委員会会長を務めていた森喜朗が、自身の女性蔑視発言をきっかけに辞任に至ったことについて、「僕も最初ネットかなんかで文字見たとき「あ、えらいこと言いはったな」と思ったんですけど、全文読んだら、たぶんみんな印象変わると思うんですよ」「変な発言したから「おい責任とれ！　辞めろ！」っていう空気にするなら、変な切り取り方して、後任決まらへんような状態にした報道の仕方をした人も、辞任とかせなあかんのちゃうかなと」と述べたとある。

「女性の多い会議は時間が長い」などと述べた森の発言は、全文を読めば読むほど森の問題点が抽出されるものであり、「変な切り取り」どころか、報道する都合上、文字数や時間が限られるために泣く泣くカットしているくらいのものなのだが、このところ、「全文読め！」という文句は、あらためて全文読んで考えるわけでもないのに逆張りするのは大好きな人たちの集客に多用されている。本当はそういう意味じゃなかったらしいよ、という逃げ方はいつだって可能であり、そこに向けられる反証は少ないから、宣言した者同士で勝ちを誓いやすい。その特質を小藪は知っているはずだが、知っているからこそ、ここぞというときに使ってみせたのだろう。ぶっちゃけるタイミングや強度をコントロールできる話者が、ワイドショーでは「毒舌」「タブーなし」と称され、ときに、「誰も言えないことをズバリ言ってくれた」などと持ち上げられる。森の発言を一部切り取ったメディアが悪い、というのは、誰も言えないことではなく、ただただ事実として間違っている。毒でもタブーでもない。誤読だ。

3　女性が語る余白は残されていない

おそらく、本書全体に通底する視線ではないかと思うのだが、テレビの世界というのは男性が中心となって作り、男性がカメラの真ん中に立ってきたメディアだ。テレビのジェンダー意識はここまで進んでいるのに、まったく、社会が全然追いついていないよね、と実感する機会は皆無だ。その逆ならば、毎日のようにある。テレビはまだこんな感じなのか、と思う。ワイドショーにそう感じることが多い。差配する男性の優位性が、とにかく力強く保たれている。

たとえば、坂上忍が司会を務める『バイキングMORE』を考えてみよう。この番組は基本的に真ん中に坂上忍がおり、その隣には、大きなモニターと男性アナウンサー、そして視聴者から見て右側に芸能人コメンテーター、左側にジャーナリストや大学教授、芸能レポーターなどといった専門家や専門家風情が並んでいる。

坂上は、一つの議題について、アナウンサーの助けを得ながら、モニターを使って説明し、おかしいと感じることについて持論を述べながら、「○○、そう思わない?」「○○、これってどうなんだろうね」と、自分の意見を色濃く含んだ状態でパスを右側の芸能人に出す。その右側の答えを受けたうえで、左側の専門家に、「……って言っているんですけど、△△さん、これっておかしくないですか?」と問いかける。左側から「ええ、一概には言えないものの、これは確かに□□ってことなんだと思いますよ」と返ってくる。坂上は「マジですか。□□って、それ、ちっとも反省してないってことじゃないですか。ねぇ、○○」などと話を再度右側に戻す。

こうして文字で追いかけてもらえればわかると思うが、これって、あらかじめもっている坂上の考え方を、あらゆる方向から補強していく作業にすぎない。もちろん、ここまでスムーズに流れていく話ばかりではないが、時間が限られているなかでどんどん話題を展開しなければならない以上、司会者のハンドリングに抜本的に逆らおうとするのは難しい。坂上は自分のハンドリングがズレそうになると、不機嫌になるのではなく、笑うことで戻そうとする。右側に座っているお笑い芸人(ブラックマヨネーズ、おぎやはぎなど)が、自分なりの意見を建設的に積み上げようという意識をもとうとしないことも手伝い、彼らと結託しながら題材を茶化し、その場を乗り越えようとする。その茶化しを最終的に坂上が引き受けて、ちょっとした笑いに変えていく。左側の専門家が前のめりになりすぎると、その姿勢に突っ込む。そこでも笑いが生じる。真面目な問題を真面目に考察しても、どこかしらユーモアを盛り込まなければいけない、という意識が残っていて、お互いの関係性によって細かく笑いを作ろうとする。

当然、そこではハラスメントの構造が表出しやすいが、それについてはもう、この場のお約束だし、という合意が勝手に敷かれているので、問題視されにくい。この番組に定期的に登場する女性芸能人は、高橋真麻、アンミカ、野々村友紀子、松嶋尚美といったところだが、彼女たちの共通項といえば、「自分の意見を言える。しかし、その場の意見が固まってきたときには、そちらに合わせることができる」という、番組が求める姿勢を熟知している点だ。最終的には、芸能界のヒエラルキーに従順に動く。想定内の生意気を演じ、想定外の生意気は出さない。

ヒロミや東国原英夫が出てくると、必ず坂上の最も近くに座る。坂上は、自分より年齢が上の彼らに対しては、どこまでイジっていいのか、そのさじ加減を調整する。想定内のイジリを投じ、想定外のイジリは投じない。番組を円滑に回すための共同作業ではあるものの、あらかじめ与えられた役割をそれぞれが認識している。

その場で発生する議論を女性には握らせない。いつも、女性陣に話を振るときには、何か新たに付け加える要素はあるだろうか、という段階になっている。必要な議論を新たに起こす余白は残されていない。結果、追従するか、想定内の生意気にとどまる。じゃあ、ここでいったんこういう話をしませんか、という転換を提唱するのはいつも男性である。これは『ひるおび！』だろうが変わらない。司会の恵俊彰が真ん中に陣取り、右にはＴＢＳアナウンサーの江藤愛らが一つの話題を丁寧に説明していく。左側にはレギュラーコメンテーターのほか、その話題に合わせたゲストが座るのだが、意見を戦わせるのではなく、恵に投げるだけで、それらを受けた恵がまとめていくのだ。

4　興奮と失笑

時折、ワイドショーのコメンテーターの出演依頼がくる。もちろん、即座に断る。理由は明快。ワイドショーのあの位置に座って話していると、たとえ自分が尊敬している書き手であっても、とっても薄っぺらく見えてしまう。そんな仕事を自分が満足にできるはずがない、やるべきとは思えない、これが理由だ。事件にせよ、政局にせよ、概要を説明するだけで五分はかかりそうなところを三十秒くらいでまとめなければいけないという。しかもそれは、議論を新たに吹っかけるものではなく、これまで出ていた議論を引き受けながらまとめあげなければならない。すると、どうしたって、その場の追従になる。しっかりとした反論なんて不要。追従の仕方のバリエーションを求められている。先に挙げた、自分が視聴しているワイドショーのなかで、司会者が男性の場合は、スタジオの真ん中に立ちながら、コメンテーターを差配している番組ばかりだ。女性がメインの場合は、おおむねアナウンサーと同じ立ち回りで、自分の意見を言う機会はきわめて少ない。

ワイドショーって、基本的に追従の連鎖なのである。侃々諤々の議論ではなく、追従Aと追従Bと追従Cを並べ、どの追従がもっとも納得できますか?、という作りをしている。それってつまり、差配する者の意見には逆らわないということ。森喜朗が発した「女性の多い会議は時間が長い」「〔ここにいる女性たちは〕みんなわきまえておられる」という発言を思い出すとき、彼のような人間には、追従は認めるが、議論は認めない、そして、自分の周りには、追従してくれる女がいる、だから、議論をする女は困る、という頭があった。それはとてもワイドショー的だ。議論はいやがられる。追従だけが喜ばれる。ワイドショーに定着する女性芸能人は、この追従が上手だ。いや、上手にさせられているのではないか。

以前、強姦致傷容疑で俳優・高畑裕太が逮捕されると（後日、不起訴処分）、番組の企画で高畑からアプローチを受けていたタレント橋本マナミに対し、梅沢富美男が「高畑にやらせてもよかったんじゃないの?」と言った。NGT48山口真帆の暴行事件を受けて、組織を運営する側の対応が不十分であると議論されている最中に、「誰がトップなのか、誰が仕切ってるのか、私ですらわからない。私が〔先頭に〕立っても何もできないと思う」と発言した指原莉乃に対し、松本人志が「そこは、お得意の体を使って、何とかするとか……」と発言した。こういった発言をした人たちは、少なくともある一定期間、できれば永続的に表舞台から立ち去るべきだと思うのだが、その発言を目の前で受け取った女性が取り急ぎ許すことによって放置されてしまう。しかし、受け取った側にもっと厳しく叱責してほしい、と嘆願するだけではいけない。外からそれを追及しなければいけない。業界内の力関係を、外側が理解する必要なんてないのだから。

ワイドショーでは、それぞれの役割が決められている。その役割を逸脱する瞬間はきわめて少ない。毎日同じテンションで同じようなやりとりを反復することによって、それぞれの生活への定着を目指していく。『めざましテレビ』と『あさチャン』のお天気コーナーを比べてみる。『めざましテレビ』の天気コーナーは、常に「お天気お姉さん」が担当していて、スタジオから下の名前で呼ばれるのが通例である（現在担当している阿部華也子には「かやちゃーん」と声がかけられる）。スタジオに男性のゲストがきている場合などは、「お天気お姉さん」がゲストに呼びかける流れもあり、その笑顔にうっとりする、といったお決まりの流れがある。一方、『あさチャン！』では、気象予報士の増田雅昭が、ちょっとしたコスプレをするなどして、今日の天気に関連する語呂合わせなどを披露する。その様子を、夏目三久や日比麻音子アナウンサーらが、失笑ぎみに受け止めるのが通例である。若い女性を下の名前で呼ぶ。中年男性からのネタを引き受ける。これってもう、そこらへんの飲み会で繰り広げられてきた光景そのものである。

5　ワイドショーは最後まで変わらない

あらかじめ与えられている役割ばかりで構成されているのがワイドショー。自分が見ている番組での具体例を、さらに羅列してみたい。

『めざましテレビ』で、芸能人と自分との接点を披露する軽部真一と三宅正治の話に対して、女性アナウンサーが素直にうなずく。

『あさチャン！』の「脳シャキ！30秒クイズ」で、その場にいる年配男性（堤伸輔など）がわかった場合はそちらの答えを優先する。

『グッとラック！』で、立川志らくがその話題に無関心であると表明したときに、周囲が必死に意義を伝える。

『とくダネ！』で、古市憲寿と意見が合わなかった小倉智昭が、議論に持ち込むわけでもなく、それを古市のキャラクターで片付けようとするのを両者が合意している。

『モーニングショー』で、女性アナウンサー斎藤ちはるの意見を、おしなべて「若い女性」の意見として象徴化させる。

『バイキング』で、日本学術会議の会員になれば年間二百五十万円年金がもらえると壮大な嘘をついた平井文夫フジテレビ上級解説委員が、別のアナウンサーに謝らせていなくなる。

……すべて、この社会の縮図だ。なかなか変わろうとしない社会の縮図だ。立場が強い人と立場が弱い人がいて、弱い人は強い人をもり立てて、強い人は弱い人を多少ならずとも軽めに扱う。

ワイドショーという存在は、いわゆるアップデートが求められていない番組形態なので、厳しい見解が飛び交わない。そこに登場する個々人の言動は問われるが、その全体像の先進性は求められない。政権批判が弱ければたたかれ、強くてもたたかれる。議論が軽薄でもたたかれ、偏重してもたたかれる。絶妙なさじ加減というものが存在しているわけでもなく、ワイドショーとはそういうもの、という刷り込みのまま、放置されている。

新しいワイドショー番組が始まろうとも、報道色が強いのか情報色が強いのかを伝えられるくらいで、価値観が更新されているかどうかは問われもしない。期待されていない。『ワイドナショー』での松本人志に顕著なように、芸人が、持ち前の「極端なことを言う」を社会事象にも向け、何か言われた場合は「芸人やから」という内外の声にすがる。そんなことで真剣に怒らないでよ、という、指摘する側の生真面目さを問うしぐさは、これもまた、森喜朗発言が、いつのまにか、そうやってたたきのめそうとする世論が怖い、に向かっていく様子に似ていた。

えっ？　なに？　そんなに真剣に怒っちゃってんの？　松本人志、坂上忍、小倉智昭、このあたりがいつまでも残し続けている態度である。これをもっていると、議論をいつまでも本格化させずにすむ。その場しのぎで笑いに逃げると、それが人間としての余裕を見せたかのように伝わる。

真ん中に立つ男性が保持する空気感を崩さないように適切に振る舞うのがそこにいる女性の役割になってしまう。三浦瑠麗や山口真由といった、沈着冷静とされる女性がワイドショーで重宝されるのは、彼女らが、そこに流れている議論を剝ぎ取りはしないからである。揺さぶるのだが、その加減をよく知っている。三浦瑠麗は、例のアベノマスクが配布されたあと、「Twitter」で「布マスクうちはありがたいですよ」と述べ、それに続くツイートで「中高年男性中心の政権が、がんばって各家庭に対する想像力や蟻の視点を持とうとしているのだから、叩くんじゃなくて、こんなことがしてほしい、あんなことがしてほしいっていうチャンスだと思うな」と述べている。ワイドショーでの女性の役割ってこんな感じだ。

その場の首長に逆らう光景はワイドショーにはない。首長はそれを知っている。逆らえる構造にならないことを知っている。追従する仕組みのなかで、安心して振る舞っている。ワイドショーは、なかなかジェンダー意識が変わらないと思う。構造を改善せよという申し出が引き続き向かわないのではないか。本書の数ある原稿のなかで、本章はおそらく読み飛ばされる確率が高いのではないかと思っている。だって、ワイドショーについてなんか、もう議論することなどないでしょ、と処理されるだろうから。ホント、そのとおりだ。でも、だからこそ、ああいう感じで残っていると言える。これでいいのだろうか、という指摘をやめたくない。

第2部　ドラマとフェミニズム・ジェンダー

第7章 フェミニズムの視点を取り入れた日本のドラマの変遷
――二〇一四年から現在まで

西森路代

1 問題には気づくが「置かれた場所で咲く」にとどまっていた女性たち

日本のドラマにはジェンダーについて描いたものがないとか、海外に比べて劣っていると簡単に言われることは多い。しかし、少なくとも、近年の日本のドラマには、ジェンダー不平等をはっきりと描いたりフェミニズムの視点から描いたりしているものも増えている。本章では、日本でこうしたドラマがどんなふうにして徐々に増えていったのかを追っていく。ちなみに、坂元裕二、宮藤官九郎、野木亜紀子の作品については、第8章「坂元裕二、宮藤官九郎、野木亜紀子――三人の作家とフェミニズム」で述べるのでここでは経緯だけにふれるにとどめる。

現在の傾向につながるようにフェミニズムを語る映像作品が増えた分岐点は二〇一四年ではない

だろうか。一四年は『アナと雪の女王』（監督：クリス・バック、二〇一三年）が日本で上映された年だ。いまでこそ、この作品にフェミニズムの要素が強いと感じることもないかもしれないが、エルサが触るものを氷にしてしまう能力が危険だからと親たちが彼女に手袋をさせて部屋に幽閉して大好きな妹のアナとも遊べなくしてしまい、その抑えられた感情が爆発して「Let It Go」してしまうという話の筋は、明らかに女性の抑圧とそこからの解放を描いている。

公開当時は、「Let It Go」が「ありのままで」と訳されて解放の意味合いが薄れてしまったことで、日本ではそこに批判も起こった。

また、それまでのおとぎ話のように、お姫様が王子様に救われてめでたしめでたしというものではなかった。エルサは男性とともに生きる選択をしないし、妹のアナも他国の王子――彼は自国では十三人兄弟の末っ子で王になる可能性は低く、アナと結婚することで王になることを狙っているヴィランだ――に言い寄られるが拒絶して、「一般人」のクリストフとともに生きることを選択する。こうした筋書きは、ディズニーの『シンデレラ』（監督：ハミルトン・ラスク／クライド・ジェロニミ／ウィルフレッド・ジャクソン、一九五〇年）や『白雪姫』（監督：デイヴィッド・ハンド、一九三七年）の描き方からすると、かなりの変化で人々を驚かせた。

もちろんそれまでのプリンセスにもフェミニズム的な要素が入っているものはあったが、ここまでその構造が注目され、社会現象化したのは『アナ雪』が初めてだったと思う。

『アナ雪』のブームは日本のテレビ界にも影響をもたらし、その後は、フェミニズムを描いているかどうかはともかく、姉妹を描いたものが注目された。二〇一四年は朝ドラ『花子とアン』（ＮＨ

K）、ジブリ映画『思い出のマーニー』（監督：米林宏昌）、『ディア・シスター』（フジテレビ系）などのダブルヒロインもののブームがきていた。しかし、そこにシスターフッドの要素はあまり感じられなかった。

『アナ雪』は、いま見返してみると、エルサは一度は反発し「Let It Go」とやさぐれるが、一時の気の迷いで暗黒面に落ちただけともとれるようになっていて、妹アナの愛情で引き戻さなければならなかった。またエルサの能力は自分のために使うのではなく、コントロールして国民の幸せのために使うという結末になっていた。これでは結局、抑圧からの限定的な解放でしかない。

もっとも、日本にはこうした限定的な解放を描く女性の物語は多かった。例えば『アナ雪』と同じ二〇一四年の一月から三月まで放送の『失恋ショコラティエ』（フジテレビ系）で石原さとみ演じるヒロインの高橋紗絵子は学生時代から最強にモテモテで、いまでいう「あざとかわいい」を全力でやりきる女性だった。一方、松本潤演じる小動爽太は高校時代から紗絵子に思いを寄せるもまともに相手をしてもらえなかったが、彼が有望なパティシエになると紗絵子は思わせぶりな態度をとってくる。しかし、紗絵子には編集者の夫の存在があった。

この夫が実はＤＶ（ドメスティックバイオレンス）・モラハラ（モラルハラスメント）男で、紗絵子が爽太を求めるのは火遊びではなく、心の底から誰かに救ってほしいという叫びのようにも見えた。それなのに、このドラマは、紗絵子が夫と生きていこうと決意したところで終わる。まるでそれは、あれだけ切実にＳＯＳを出していたのに、「不倫は気の迷い、自分さえ変われば、周りも変わる」とでも言いたげだった。

『失恋ショコラティエ』は、二〇二一年五月から始まる朝ドラ『おかえりモネ』（NHK）も手がけ、いま最も信頼できる安達奈緒子の脚本だけあって抑圧された紗絵子の描写にはすごみがあったが、「置かれた場所で咲きなさい」という結末になっていたのは時代を考えても仕方がなかったのかもしれない。

それでも、二〇一四年は、単に愛嬌があるヒロインが前向きに生きるだけでなく、問題を抱えながら生きる姿を繊細に描く作品も増えてきた印象があった。

岡田惠和のオリジナル脚本の『さよなら私』（NHK）は、高校の同級生だった星野友美・早川薫・三上春子の三人の女性が四十代になって同窓会で再会。しかし、話をするなかで友美の夫と薫が不倫していることが発覚し、もみ合って階段から転がり落ちて中身が入れ替わってしまうという物語。おまけに友美の体にガンがあると発覚するのだが、そんな出来事をきっかけに、お互いのことを深く知って友情が深まっていく。ファンタジックな作品ながらも、ライフステージの変化によって一時は離れていた女性たちが再び交わる姿には、現実と交わる感覚が描かれていた。

湊かなえの推理小説が原作の『Nのために』（TBS系）には忘れられないシーンがある。榮倉奈々演じる主人公の母親は裕福な家に生まれ、そこに婿養子にきた夫と何不自由ない暮らしをしていたが、浮気をした夫からある日突然、家を追い出される。しかし母の浪費癖は治らず、生活費が送られるとすぐにそのすべてを化粧品に使ってしまう。肌を整えて美しさを保てば夫が帰ってくると、顔をベトベトに濡らすその姿には恐怖さえ感じるほどだった。このドラマ自体はべつにフェミニズムを描いたものではなかったが、この母親の姿からは、いくつになっても「選ばれる」ことに執着せざるをえない生き方について考えさせられるものがあった。

2　社会への違和感を明確に描いた作品の登場

現在のフェミニズムにつながるという意味でこのテーマを直球で描いたのは、二〇一五年の一月からスタートした坂元裕二脚本の『問題のあるレストラン』(フジテレビ系)だろう。この作品は、レストランで働く主人公の田中たま子が同僚が社長からセクハラを受けたことに抗議して退職し、新しいレストランを作るというもので、そこに集まるさまざまな問題を抱えた人々とともに奮闘する様子を描いている。

このドラマがそれまでの作品と違うのは、二〇二一年の現在から見ても、はっきりと連帯を取り上げ、たま子たちを追い詰めたのは男性社会だと描ききっていることである。

同年は、この『問題のあるレストラン』と同様に、女性が職場で受けるハラスメントを取り上げた『エイジハラスメント』(テレビ朝日系)も放送された。この作品は、働く女性についてさまざまなドラマを書いてきた内館牧子の二〇〇八年に出版した小説を原作に、脚本も内館が担当している。原作は、夫の浮気をきっかけに、女性が年をとるということは価値がないことなのかという問いをもつことになった三十四歳の主婦の物語だが、なぜかドラマでは新人の女性社員が主人公で、彼女に対して嫉妬し嫌がらせをする女性に対して新人社員が喝を入れる構図になっていた。

最初のうちは女性同士が男性社員との恋愛をめぐって対立するような場面もあったが、最終回では、会社の常務が女性活躍推進部を作るもそれは単に自社が「女性が活躍している」と外部にアピールするためであり、女性活躍推進部の部長を追われた（その原因も男性社員の嫉妬によるものである）女性を除いて百％男性だけの会議の場で、お茶を配りにやってきたヒロインが「輝こうが輝かまいが女の勝手です」「男は自分の手柄のために女を輝かせたいんでしょう?」「男に権力を握らせるために女が必死こいて輝く気は一切ございません」とたんかを切る。

スタートからの女同士の対立の描き方にモヤモヤするところがなかったとは言わないが、最後まで見れば、描きたいことに納得がいった。しかし、このドラマの放送から五年以上たっても、女性登用に関して現実は何も変わっていないように見えるのが悲しくなる。

テレビ朝日特有の幅広い年齢層に届くわかりやすい演出とエイジハラスメントという繊細に扱うべきテーマがかみ合わず、あまりいい方向での話題にならなかったが、いま見返してみて、内館牧子の原作や脚本の作品をもっとテレビドラマで見てみたいとあらためて思った。

3　ラブコメディーやアクションエンターテイメントにフェミニズムの要素が

二〇一六年は、なんといっても『逃げるは恥だが役に立つ』（TBS系）の一年だった。ドラマが始まった初回の視聴率は一〇％台だったが、最終回では二〇％超えを記録して社会現象にもなった。

このドラマは表向きは、恋ダンスやムズキュンなどで語られるとおりのラブコメディーだが、その中身には社会問題などをちりばめられていて、主人公の森山みくりが大学院までいったにもかかわらず派遣社員をしていること、家政婦として津崎平匡の家で働くことになってやがて恋に落ち、結婚がちらついたら平匡の頭に家事労働が無償であってもいいのではないかという考えが生まれてしまうことなどを描いていて、新鮮な驚きを感じた。

二〇一七年からは、フェミニズムがど真ん中というわけではないが、女性たちの描き方がどんどん変わっているとわかるドラマが増えた。

『奥様は、取り扱い注意』（日本テレビ系、二〇一七年）は、特殊工作員だった伊佐山菜美（綾瀬はるか）が穏やかな生活を送りたいとスパイをやめて、合コンで知り合った男性と結婚。閑静な高級住宅街で生活しているが、近所の主婦仲間たちと友情をはぐくむなかで彼女たちが直面するさまざまな問題を解決しようと奔走する笑いとアクション、そしてサスペンスも詰まったドラマだ。

一話では、何不自由ない生活をしているのだから主婦業を完璧にしないといけない、と夫からことあるごとに暴力を振るわれている女性が登場する。その主婦が、ヒロインとその主婦仲間たちに「私が弱いのは女だからですか？」と言って、夫から受けた暴力のあざや傷痕を見せるシーンがあり、主人公たちも困惑しながらも憤る。広末涼子が演じる主婦仲間の一人は、その女性が去ったあとに、「精神面でも金銭面でも、どっぷりあの男に依存して生きてきたわけだから、急にそこから抜け出せるわけではない」「無視されても嫌われても連絡し続けよう。いつか本当のＳＯＳを出されたときに、私たちが全力で助けてあげればいい」と言うと、横で聞いていた本田翼演じるもう一人の主婦も「私、DVについて勉強します」と語る。

そして主人公は、かつてならした特殊能力、つまり暴力をもってDV夫に制裁を加える。それまでだったら、こうしたドラマでは被害者の主婦にも落ち度があって関係性を修復したらDVも収まったというものもあったし、女性主人公による制裁は描かれないことのほうが圧倒的に多かった。また、主婦同士の友人関係はギスギスするものと描かれがちだが、本作では主婦同士の関係性にそうしたものを書いていなかったのもよかった。

4　マウントからシスターフッドへ。その過渡期

『伊藤くんA to E』（MBS）は、柚木麻子の小説を原作に二〇一七年八月から「ドラマイズム」枠で放送された。四人の女性が脚本家のもとに集まってそれぞれの恋愛を語るのだが、やがて彼女たちが語る「伊藤くん」が同じ人物だということがわかってくる。

この四人のうちの二人、池田エライザ演じる相田聡子と夏帆演じる神保実希は親友同士だが、正反対のキャラクターで、聡子は経験豊富なリア充女子で、実希は大学院に通う真面目でおくてな女子だった。

聡子はモテるが、彼氏ができても「なんとなく始まって、気がついたら終わっている」ことが多

く、それまでの人生で彼氏に誕生日を祝ってもらったことが一回もない。聡子は、その雰囲気のために気のない人に簡単に口説かれることも多いが、そのぶん、男性に軽く扱われることも多かったのだ。

一方、実希は高学歴処女だったために聡子は彼女を女性として下に見ているところがあり、また実希が自分とは反対であることにコンプレックスももっていた。そんな実希が「伊藤くん」といい感じになっていくことが許せず、聡子は好きでもない「伊藤くん」を誘惑してしまう。しかし、「伊藤くん」は実希が思うようなすてきな人物でもなく、彼を誘惑してしまった聡子にとっても何も残るものがなく、そんなしょーもないことで親友を裏切ってしまったことが悲しくなってしまう。一方、実希も「伊藤くん」から聡子と関係をもったことを聞いて、自分のなかにも聡子に対するうらやましさとさげすんだ気持ちが同時にあったことに気づく。二人は、自分たちがしょーもないマウントをしあっていたことに気づき、また親友に戻る（戻りそうというところで終わっていたが）のだが、この「痛さ」が心に刺さって仕方がなかった。

こうした女性同士のマウンティングは、二〇一〇年代初頭にはサブカルチャーの分野では大きな関心事だった。しかし、このドラマでは、そこからの脱却が見られる。このころから、現実社会でも女性同士が男性からの評価で優劣を競うことは、自分たちのためには一切ならないし、モテ／非モテで人と比べることなく、自分のペースで自分が心地よい生き方を見つけるほうがいいのではないかと思うようになった人も増えていく。そういう空気が相互に作用し、フェミニズムが徐々に浸透していったのかもしれない。

5　何げない会話に宿るシスターフッド

バカリズムが脚本を書いた『架空OL日記』（日本テレビ系、二〇一七年）は、銀行で働くOLたちのたわいがない会話を描いたものである。お笑いでのバカリズムの芸風としては、ミソジニーを感じさせるものもあるにはあったが、本作に関してはそれが感じられなかった。

それだけでなく、バカリズムがOLの一人・升野英和を演じているのだが、女性であるという記号を不自然にまとっておらず、言葉遣いや身のこなし方などを含めて普段のバカリズムのままで演じていて、それがとても自然に周囲のOLたちに溶け込んでいる。

このドラマで起こることはたわいのないことばかりだ。銀行の更衣室でみんなが暖をとるためのハロゲンヒーターを買いにいく話だったり、後輩OLがマンガを貸してくれることが、ありがたいけれど荷が重かったり、また副支店長が眼鏡からコンタクトにしたのだが、日頃の鬱憤がたまっていてけっこうな悪口になってしまったりもする。これらのことは、OLをやっていた筆者には心当たりがあるものばかりだった。

また、結婚式に出席する派遣社員の一人にバカリズム演じるOL升野が靴とバッグを貸してあげたところ、それを返す袋とともにディオールのグロスが入った小さな紙袋があった。升野はこれはお返しにちがいないと持ち帰ったら、実は派遣社員のお返しではなかったことが発覚する回もあった。いろいろあった末に、グロスは別件で升野によくCDを貸してもらっている別の後輩がくれたものだったとわかり、事なきを得る。

この、ちょっとしたお返しのやりとりもOLらしい。職場や仲間の間で、持ちつ持たれつでありながらも、一方的にもらうことが多いと気兼ねしてしまう。だから、いい関係性を維持するために、こうしたささやかなやりとりをすることがOL同士の間ではよくあるからだ。同じ会社で働くOL同士は、年齢が違ってもおごったりおごられたりは少ない。それは、会社で女性が出世をすることが少ないため上下関係ができにくかったことが関係あるように思うのだが、このドラマでも外からは見えにくいそうした慣習をよく描いていた。

バカリズムはこれを想像で書いているという。本作に限っては、女性のあるあるは描いているが、女性であるからこうだという色眼鏡や偏見が一切ないフラットな視線で心地よく、ずっと見ていたいと思わされる作品になっていた。

二〇一七年には宮藤官九郎が脚本、小泉今日子が主演の『監獄のお姫さま』（TBS系）も放送され、女性の生きづらさへの焦点の当て方がアップデートされた一年だと思えたが、一方で渡辺直美主演の『カンナさーん！』（TBS系）などは、まだまだモヤッとする部分が残っていた。

渡辺演じるヒロインは夫に理不尽に離婚を言い渡され、シングルマザーになっても自分に至らないところがあり、自分さえ変われば世界がよくなるという自罰的な部分があった。いま、それを描くのであれば、何か現代的なアプローチや解釈でドラマ化することもできたのではないかと思えてしまう。渡辺直美自身もどこか感じるところがあったのだろう、放送中に「物語の中ではクソ野郎ばかりでイライラしますが、現場では笑いが絶えないハッピーな日々ですw」とツイートしていた。

このころ、多くの女優たちも、自分が演じる役に理不尽や違和感があると、それを表明することも増えていた。例えば、朝ドラ『ひよっこ』（NHK）で自身が演じた役がわが道をいくキャラクターに見えていたのに、あるとき、出会ってすぐの男性とサンフランシスコに行く展開になったことに「意外と男性の趣味に染まる女でびっくり。笑いました」とシシド・カフカがツイートしていたほか、映画だが『奥田民生になりたいボーイと出会う男すべて狂わせるガール』（監督：大根仁）に出演した水原希子も、この映画に関するインタビューで「女子がモテを必要としない世の中になってほしい」と語っている（『Sweet 特別編集 天海あかり style book』宝島社、二〇一七年）。

6　真摯な視線で女性たちの本当の生きづらさに迫った『透明なゆりかご』

二〇一八年は野木亜紀子の『アンナチュラル』（TBS系）が放送された。本作は法医学ミステリーだが、野木亜紀子の作品だけに、主人公の三澄ミコトが女性であるからこそ出合う理不尽な出来事にも焦点が当てられていた。

またこの年は、同じく野木亜紀子の脚本による『獣になれない私たち』（日本テレビ系）も放送された。こちらは、新垣結衣演じる主人公の会社での働き方がリアルすぎて見ていて苦しくなるという人もいたほどだったが、かつてOLをしていた自分からするとなかなか問われてこなかった問題点に焦点を当てていて、ほかの野木作品よりも直球で繊細に女性のことを描いていると感じた。

「ドラマ10」では、漫画原作の『透明なゆりかご』（NHK）が放送された。こちらは、前述の安達奈緒子が脚本を担当。高校生の主人公・青田アオイは産婦人科の看護師見習いとして働いている。その初日、アオイは医師から「九〇年代の日本の三大死亡原因ってなんだと思う？」と聞かれ「心疾患、脳血管疾患、がん」と真面目に答えると「教科書だったら正解だけど、本当の一位はアウスだ」と言われるシーンがある。アウスとは人工妊娠中絶のことである。

このドラマでは、生まれたことで「おめでとう」と言ってもらえる子と、その陰にいる「おめでとう」と言ってもらえない子が同時に描かれる。出産してこの世の中に新たな命が生まれる。その明るい一面だけでなく、日が当たらない、胸が痛む現実に真摯に向き合っている作品だった。ヒロインは最終的に、どんな命にも「おめでとう」を言いたいと気づくのだった。

7　朝ドラ『スカーレット』と「Netflix」『クイーンズ・ギャンビット』の共通性

NHKの朝ドラは女性の半生をつづることが多いだけに、どの作品にも女性の生き方についての問題点を描いているが、二〇一九年の朝ドラ『スカーレット』（—二〇二〇年）は、フェミニズムを直球で描く場面も多かった。ヒロインの川原喜美子は、中学校を卒業したあと大阪で女中として働くも三年後に信楽に戻り、男性ばかりの信楽焼の世界に飛び込む。そこでまずは絵付けの仕事から始め、やがてそこで出会った陶芸家の八郎と恋に落ち、彼に倣いながら陶芸の才能を発揮していく。

喜美子が絵付けの仕事を始めたときは、信楽初の女性絵付師として新聞に取り上げられる。しかし、その仕事の内容はそこそこにしか書かれず、彼女が勤めている会社の「マスコットガール」として扱われ、「好きな食べ物はホットケーキ」という「女子」に求められがちなコメントが主に記事にされた。

陶芸の仕事に就いたあとも、地元の男性たちは喜美子を一人の陶芸家として見るのではなく、夫・八郎を支える妻として見ることが多く、喜美子もそれに対して文句を言うことはない。しかし、少しだけ悲しそうな表情を見せるのだ。夫はそんな表情に気づかないが、喜美子の幼なじみの大野信作は「喜美子はここに来るたんび、お茶入れて、掃除して、弟子の面倒見て、そんなんばっかりやんけ、こんなんちゃうかったやろ。もうここは川原公房やない、八郎工房になってるわ」と思いを率直にぶつけるのだ。

また、信作は喜美子のまだ表には出ていない燃えるような情熱に気づいていたのか、「そのうち絶対爆発するで」「無理してたらな、いつか歪むぞ」とも指摘するのだが、このあと、喜美子はその予想どおりに芸術家として開花。家族も心配するほどに情熱を注ぎ、そのこともあって一時は夫は喜美子のもとを去り、陶芸家もやめてしまうのだった。

二〇二〇年に発表された「Netflix」のオリジナルドラマ『クイーンズ・ギャンビット』も、一九六〇年代のアメリカを舞台に、チェスの世界で生きる女性ベスを描いた作品だ。ベスが勝ち進んでいくなかでぶつかる女性だから受ける壁や才能ある者に特有の苦難を描いているのだが、この作品を見ていると『スカーレット』の喜美子の姿と重なってしまった。

二〇一九年はほかにも、いわゆる特撮オタクの女性社員を描いたマンガが原作の『トクサツガガガ』(NHK)も放送された。主人公の商社女性社員・仲村叶(小芝風花)はオタクであることを周囲に隠している。この現代に、そんなことを隠すこともないのでは……と思う人もいるかもしれないが、環境によっては詮索されたり偏見をもたれたりすることもある。主人公がそう考えること自体が、すでに社会にある抑圧を表しているのだ。

それでも叶には少しずつ仲間が集まってくる。その仲間たちもそれぞれに悩みを抱えていた。それは、性別にふさわしい趣味をもたないといけないと抑圧されることや年齢を重ねるに従って趣味を卒業すべきだと思われることであった。しかし、窮屈な思いをしていた登場人物たちはそれぞれ解放されていき、そこでまた心が近づく様子を丁寧に描いていてカタルシスがあった。

最終的には、叶がなぜオタバレを避けるのか、その原因が彼女の母親にあり、叶が彼女と向き合うところまでを描いていて、現代に存在する問題にきっちりと取り組んでいる作品だと思えた。

二〇一九年、宮藤官九郎が手がけた大河ドラマの『いだてん――東京オリムピック噺』(NHK)には、主人公の一人である金栗四三が、オリンピック出場後に女子高等教育に貢献する様子を描く。そこには、フェミニズムの要素が見られた。

このほか、実はシスターフッドの側面もあったのが『後妻業』(フジテレビ系)で、後妻業の女と、彼女に狙われた資産家男性の娘という、本来ならいがみあうはずの女性二人の痛みがシンクロするような場面には、ほろっとさせられた。

また、『G線上のあなたと私』（TBS系）では、四十代の主婦と無職のアラサー、男子大学生が大人のバイオリン教室で出会って交流を深めていく様子を描いていた。年齢や性別の違いで、この人とは話が合わないという決め付けがなく、また抑圧される主婦がこの出会いによって解放されていく様子を描いているのもよかった。

8　「角」は隠すべきものではなくなった『妖怪シェアハウス』

二〇二〇年。この年は、ロールプレーイングゲームや妖怪の世界などのファンタジックな世界観のなかにフェミニズムを取り入れた作品が多く見られた。

よるドラ『伝説のお母さん』（NHK）は、ロールプレーイングゲームの世界を舞台にしながら、待機児童問題、マミートラックなど、世の母親たちを取り巻く状況をコミカルに描いている。

ヒロインのメイは八カ月になったばかりの子どもを抱え、ワンオペ（一人）育児に奮闘する母親だ。かつて魔法学校で勉強を重ねてきた伝説の魔法使いの彼女は、子どもが生まれてすぐに再び魔王討伐のパーティーの勇者に選ばれ呼び出されるが、保育所が空いてないために簡単に復職できないのだ。

しかし、夫がタイミングよく無職に。彼が子どもの面倒を見ることになり、メイは無事、魔王討伐に参加できることになるのだが、蓋を開けてみると夫は頼りにならず、メイは愕然とするのだった。

実話をもとにしたマンガが原作なこともあり、メイをさんざん困らせた夫も途中でマインドを入れ替えて二人で子育てをしていくところで物語は終わる。それについては、ちょっと都合がよすぎるようにも思えたが、ロールプレーイングゲームという現実とは遠い世界を舞台にしたことで、世の母親たちが直面する問題点が浮き彫りになるドラマになっていた。

『妖怪シェアハウス』（テレビ朝日系）もまた、妖怪や幽霊が存在する架空の世界を舞台にしながら、そこに女性の生きづらさとそこからの解放を映し出した作品である。

主人公の目黒澪（小芝風花）は彼氏に裏切られて行き場をなくし、ひょんなことから妖怪たちが暮らすシェアハウスに身を寄せる。澪は思ったことを言えず、男性に都合よく扱われてばかりで、それに怒ることさえできなかったが、妖怪たちと出会ったことで理不尽なことは理不尽だと気づくようになっていく。

そんな澪には角が生えるときがあり、シェアハウスがある神社の神主にいつも心配されていた。また澪はある編集部で働くようになり、ときに編集長に叱咤されながらも自分で書いた文章が世に認められるようになっていく。やがて澪は神主や編集長に淡い恋心を抱くようになるのだが、結局、どちらも選ぶことはなかった。

最終回、澪は角を生やしながら机に向かい、「食べたいものを食べて何が悪い」「結婚できなくて何が悪い」「家族が作れなくて何が悪い」「常識なんてくそくらえ」「生きたいように生きて、何が悪い！」と言いながら自分の思いを文章にしたためるのだ。

「角隠し」という言葉もあるように、角は元来怒りの象徴であり、特に女性はそれを隠すべきものとされてきた。しかし、このドラマの角は怒りだけでなく自由や能力の象徴で、それを隠す必要はないという結末になっていた。それだけでない。物語の終わりには、「この角を見たものは幸せになれるらしい」という一説が加えられ、澪という新たな妖怪と見ている私たちの物語が始まっていた。

このドラマを見て、本章の冒頭に書いた『アナと雪の女王』を思い出した。『アナ雪』では、能力は誰かのためにならば使ってもいいけれど、それは限定的で、普段はひそめていなければならないという窮屈さがあった。しかし、『妖怪シェアハウス』はそれを脱した物語になっていたのだ。

二〇二一年のはじめにも、『その女、ジルバ』(東海テレビ)や『ここは今から倫理です。』(NHK)、前述の柚木麻子原作の『ナイルパーチの女子会』(BSテレ東)など、世の中にある問題を描いたドラマはたくさん作られている。冒頭でも書いたように、海外ドラマにはフェミニズムの視点があるが日本にはそれがないと言われることがあるが、フェミニズムに関心があり、かつ「テレビは見ない」という人にこそ、ここに挙げたような作品にふれてみてほしいと思うのだ。

第8章 坂元裕二、宮藤官九郎、野木亜紀子
――三人の作家とフェミニズム

西森路代

1 ジェンダー不平等な社会に苦しむ人々をストレートに描いた『問レス』

前章ではフェミニズムを描いたドラマ作品について述べたが、本章では、坂元裕二、宮藤官九郎、野木亜紀子の作品に焦点を当てる。

前章でも述べたように、二〇一五年一月から放送の坂元裕二の『問題のあるレストラン』（フジテレビ系）はフェミニズムを織り込んだ内容が当時としては珍しくいい意味で衝撃的だった。

物語は、大手飲食会社ライクダイニングサービスに勤めていた主人公の田中たま子（真木よう子）が、杉本哲太演じる社長のパワハラ（パワーハラスメント）で同僚が傷つけられたことをきっかけに退職し、彼のレストランの向かいのビルでレストランを始めるところからスタートする。

いまから振り返って衝撃的だったことの一つは、その社長が完全な悪役だったことである。社長は、セクハラ（セクシュアルハラスメント）、パワハラは当たり前、社員はイエスマンばかりで女性たちは見向きもされず、正当に評価されることもない。やがてこの社長はパワハラ問題がもとで会社を失うことになるのだが、そのとき、まだ幼い息子を前に自分は悪くないと言い訳をして、息子に大きくなったら、その原因を作った〔主人公の〕たま子たちに復讐するように語りかける。罪が明らかになってなお、そのことに気づけない姿が痛々しかった。

いま見返すと、表現や演出が少々わかりやすすぎて際どく、登場人物の善悪がはっきりしすぎているようにも思えるのだが、当時は、それくらいはっきり描かないと、こうしたパワハラやセクハラの問題は見る者に届かなかったのかもしれない。

いや、いまの現実社会を見ていても、女性の社会進出は進まず、事が起こってはじめて女性を登用させようと躍起になったり、その登用も付け焼き刃に終わったりという状況がまだある。現実はあのころから何も進んでいないのだ。

『問題のあるレストラン』は、タイトルに「問題のある」とついているだけに、主人公のたま子のもとに集まってくるのも、それぞれに問題を抱えさせられている人たちばかりである。そのなかでも、当初はたま子たちを「寂しい女の集まり」と見なして自分は男性に守ってもらおうとしていた川奈藍里（高畑充希）というキャラクターが、いまでも印象深い。

川奈は、「きらきら巻き髪量産型女子」と評されるような人物で、友人たちには「女の価値は人生でいくらおごってもらったかで決まる。割り勘は女の敗北」と豪語している。周囲の男性にも常に笑顔を過度にふりまき、男性を傷つけるような言動を周到に避けている。そのため、同僚男性に付き合っていると勘違いされ、ストーカー行為をされてしまう。彼女には女友達もいるのだが、常に男性におもねる態度をとってきたために、ストーカー被害を相談しようとしても、いつものモテ自慢話なのだろうとまともにとりあってもらえない。

しかし、川奈の異変に気づいたたま子は、自分の家に彼女を連れて帰る。だがそこでも川奈は強がり、たま子らに対して奇妙な「アドバイス」を始める。「みなさんがうちのお店に勝つには」「水着で接客して握手すればたくさん来てくれます」「私、心にいっつも水着を着ていますʼ」「お尻とか触られても、ぜんぜんなんにも言わないですよ、お尻触られても何も感じない教習所卒業したんで」「上手に強く生きてる女っていうのは、気にせず、許して、受け入れて……」と。

それに対して、たま子はたまらなくなって、「あなたの体は、髪も、胸もお尻も全部、あなただけのものなんだから、好きじゃない人には触らせちゃだめ」と説くのだ。

その後、川奈はたま子の家から出ていき、結局ストーカーの逆鱗に触れて殴られてしまう。たま子は、傷ついた川奈に再び手を差し伸べる。川奈は結果的に、たま子の「おせっかい」に何度も救われるのだ。

この作品はたった六年前に放送されたものだが、当時は〝川奈さん〟のように男性目線を内面化しすぎた女性はいまよりもたくさんいた記憶があるし、疑問を感じながらも、そんな生き方のほうが結局は「したたかで賢い」ことなのだと思い、選択していた女性もいたように思う。当時は確かに、こうした苦しさを感じていた女性がたくさんいたことを思い出すのである。

2　当たり前に思われていた性別役割分業の構造にメスを入れた『逃げ恥』

野木亜紀子の『逃げるは恥だが役に立つ』（ＴＢＳ系。以下、『逃げ恥』と略記）は海野つなみによるマンガ原作をドラマ化したもので、二〇一六年十月からスタートした。高学歴ながら派遣社員をしていた主人公の森山みくり（新垣結衣）が派遣切りにあい、父の元部下である津崎平匡（星野源）の家で家事代行をおこなうことになり、次第にお互いが引かれ合っていくというラブコメディーだ。

ドラマ化の前にこの設定を聞いたときには、「なんとなくモヤッとする」と思っていたのだが、「Twitter」でポジティブな意見を目にして原作を読むと想像とは違っていて、男女の性別役割分業や女性が担わされる家事労働の問題に正面から向き合っていることに気づいた。

ドラマも原作の意図を汲み取って描いている。特に、二人が恋愛関係になったときの変化には驚いた。これまでみくりが有償で仕事としてやっていた家事が、恋人になったら突然、平匡からすると無償でやってもいいものではないかと位置づけが変化したからである。

これはなにも、平匡が搾取をなんとも思わない極悪非道な人間というわけではない。日本で暮らすかなり多くの男性が、長年、家事は女性がやるものと当たり前のように考えていたことを平匡に投影しているのである。

男性が外で働き女性は専業主婦として家事を担当するという性別役割分業が当たり前の世の中から徐々に女性も働き手になっているという変化があるというのに、「家事は女性だけが無償でするもの」という思い込みが残っている人はいまも多いだろう。

みくりは、こうした偏った「当たり前」に対してきちっと違和感を表明し、それは「好きの搾取です」と訴える。

同時にみくりは、男性相手に一歩も引かずに思ったことを言う自分を「小ざかしい」と考えている。これは、男女問わずにあるコンプレックスのように解釈されることもあるが、どちらかというと「女性でありながら」なんでも受け入れる寛容さをもっておらず、いちいち理詰めで追及するところが「女性らしくない」と見なされていると解釈するほうが自然だろう。みくりのような態度を「女性らしくない」「小ざかしい」「かわいげがない」とする社会的な規範が、性別役割分業を固定化させているともいえる。

また、放送当時、みくりの叔母である五十代のキャリアウーマン土屋百合（石田ゆり子）のある場面も話題になった。そのシーンでは、百合に対して二十代の若い女性（彼女は百合に思いを寄せる風見涼太に恋をしている）が「五十にもなって若い男に色目を使うなんてむなしくなりませんか？」と言うのだが、それを聞いた百合は、「いま、あなたが価値がないと言って切り捨てたものは、あなたが向かっていく未来でもあるのよ」「私たちの周りにはね、たくさんの呪いがあるの。あなたが感じているのもその一つ。そんな恐ろしい呪いからは、さっさと逃げてしまいなさい」と語りかける。この台詞は、女性が内面化しているエイジズム、つまり「呪い」を気づかせるようになっていた。

『逃げ恥』は、こうしたフェミニズムの考えを作品内にちりばめながらも、ムズキュンと言われるシーンもしっかり描いている何層にもなったドラマだったから、ラブコメディーとして純粋に楽しむ視聴者も多く、最終回の視聴率が二〇％に達する人気ドラマになった。

二〇二一年一月には、スペシャルドラマ『逃げるは恥だが役に立つ――ガンバレ人類！　新春スペシャル!!』（TBS系）が放送された。満を持しての放送で視聴者の期待も大きく、さまざまな社会問題を二時間という枠のなかに詰めた意欲作なのだが、その詰め込みすぎたことへの批判も「Twitter」では見られた。もちろん、十一話の連ドラと二時間ドラマで描けるものに違いはあるし、その方向性は脚本家だけで決められるものではないだろう。しかし、一六年よりも、社会的な問題を描くのであれば、繊細にもっとじっくりと見せてほしいという視聴者が増えたからこその反応でもあるのではないかとも思う。つまり、視聴者の厳しい批評の目が育っているともとれるのである。

3　身近にいるごく普通の男性の無意識の加害性を描いた『けもなれ』

野木亜紀子は二〇一八年一月から放送の『アンナチュラル』（TBS系）を執筆。このドラマは、架空の研究機関UDIラボを舞台に、法医解剖医の三澄ミコト（石原さとみ）たちが不自然死の裏側に迫る作品だ。

この作品では、主人公のミコトが、ある事件の検察側の代理証人として出廷するシーンがある。その担当検事の烏田（吹越満）と名刺交換をするときに、ミコトは「助手ではなく？」「女性だとは」とけげんな顔をされてしまう。また、事前の打ち合わせのさなかにも、「まとめを参考に聞かれたことだけに答えてください。それくらいはできますよね」と完全になめた態度をとられる。

ミコトは当日、言われたとおりに証言するが、凶器として提出された包丁が証拠ではないことに気づき、今度は弁護側の証人になる。後日、弁護側の証人として出廷したミコトは実験結果を粛々と発表するが、有罪率九九・九％と言われる検察側のプライドを傷つけ、烏田から「責任転嫁は女性の特徴です」「相手を感情的に攻める。彼氏に対しては結構ですが、ここは法廷です」「神聖なる司法の場が女性の気まぐれて振り回されるとは由々しき事態です」とまくしたてられる。これにミコトが反論すると、「あーこれだ。すぐ感情的になる」という烏田の挑発にミコトはまんまと乗ってしまうのだった。その後、マスコミからミコトは「ヒステリー法医学者」と叩かれてしまう。『アンナチュラル』はこうした女性蔑視を描き、それに対してミコトは最終話できっちりと落とし前をつけた。また、『逃げ恥』のときよりも敵が明確になっていて、そこに対しての憤りもはっきりと描かれていた。

対して二〇一八年の『獣になれない私たち』（日本テレビ系。以下、『けもなれ』と略記）で描かれた敵は、『アンナチュラル』の烏田検事のようにははっきりしていない（もっとも、烏田検事はドラマの終盤ではミコトと協力することにはなるのだが）。ここでフェミニズムの問題として描かれているのは、主人公の深海晶（新垣結衣）が付き合っている彼氏・花井京谷（田中圭）との関係性である。

京谷がほかの作品のキャラクターと違うのは、晶に暴力を振るっているわけでもないし、「これだから女は」とも言わないし、家事を強要したりもしないのだが、京谷の女性に対する言動には、「いまのはなんだったんだろう」と立ち止まらせる部分がたびたびあるところだ。

例えば、晶が行きつけのクラフトビールバー5tapで、デザイナー橘呉羽（菊地凛子）がハードなファッションを身に着けているのを見て、京谷が「ああいうのってさ、どこにアピールしてるんだろうな。あれ好きな男、そうそういなくない？」というシーンがある。晶はそれをかっこいいと思っているため、「着たい服を着てるだけなんじゃないの？」「京谷のお母さんに会うとき、ああいう格好でいこうかな」と冗談めかすと、京谷は本気で焦るのである。

このシーンを見ている当時はまだ、京谷は保守的な男で、晶にも家庭的な面を見いだしていて「よきお嫁さん候補」として見ているのだろうなと普通に受け止めていた。このドラマが放送された二〇一八年ならば、京谷のような男性がいても、違和感はもちながらもスルーしてしまう癖が私にはあったのかもしれない。

京谷はそれ以外にも、元彼女・長門朱里（黒木華）を家から追い出すことができずにもう何年も住まわせていたり、前述の呉羽と一夜をともにしてしまったりということもしてしまう。

朱里と晶は恋敵（と、以前のドラマであれば書いたことだろう）でもあり、お互いに自分がもっていないものをもっていると思いあったりしているが、次第にシンパシーも感じあうようになる。二人のシンパシーは、「京谷が望む女性」を知らず知らずに自分が演じているような感覚があることから生まれていた。晶は朱里に向かって「私たち、誰の人生を生きてきたんだろうね」とつぶやくのだが、二人をつないでいるのはどこか自分の人生を歩むことができていないような感覚であり、そんな二人の関係には不思議なシスターフッドも感じるのだった。

そして「京谷」は特異な人物ではなく、女性たちに「いやな顔を向けられたくないから、かわいくいつも笑っていてほしい」と願う男性の象徴でもあるのだと思った。田中圭は、そんな難役を見事に演じきっていた。

それにしても、野木作品は、物事を理論立ててはっきり言う女性が周囲から受ける視線をしばしば描く。『けもなれ』では、晶と京谷が険悪になったあと、晶が元カノを追い出せずそのことが自分の気持ちを踏みにじっていると京谷に指摘すると、彼は自分のことを棚に上げて「いまの晶かわいくない」と言い放つ。『逃げ恥』のみくりは、学生時代から言動が「小ざかしい」と言われてきた。『アンナチュラル』のミコトは専門知識から理路整然と話しても、アシスタントと見なされる。こうした視線も、それが作品のメインというわけではないが、フェミニズムの文脈で見ることもできるのである。特に『けもなれ』の京谷のように女性の「言い方」を責めるのは、トーンポリシングにもつながっている。だからこそ、晶が京谷と別れるそのときに、「かわいくなくて何が悪いんじゃ、うっさいわ」と京谷に言っていたことに救われる思いがした（その言い方もちょっとかわいすぎるくらいだったが）。

『けもなれ』のインパクトは、女性を傷つけるのは、セクハラやパワハラをする根っからの悪人キャラというわけではなく、暴力も振るわない、普段は優しくて理解がある男性の可能性もあると思わせるところにある。

フェミニズムの表現は日々変化している。以前は、はっきりした悪い男性の行動によって女性たちの生きづらさが見えていたが、いまは身近な共生している恋人や家族による知らず知らずの加害を通して「生きづらさ」が見えるようになっている。

それは日本のドラマだけに限らない。チョ・ナムジュが二〇一六年に発表した韓国の小説を原作としてキム・ドヨンが監督した映画『82年生まれ、キム・ジヨン』（二〇一九年）なども、理解があって優しい夫でも、彼が社会や会社のシステムに乗っかっているかぎり、どんなに気をつけていても妻の仕事や生き方を阻害しているのだということを描いていた。また山内マリコ原作、岨手由貴子監督の日本映画の『あのこは貴族』（二〇二一年）でも、やはり女性たちと関わる男性キャラクターは、極端な悪人ではないが、彼が生まれた環境や男性であること自体で知らず知らずに女性の生き方を阻んでいるし、彼自身もそこから抜け出せないという絶望も描いていた。

野木の『けもなれ』も、やはり京谷のそんな罪深さを描いていた。彼は決して悪人ではないが、女性に「笑顔でいてほしい」と考えていて、それは自分が見たい女性の姿しか受け付けないという意味でもあったし、そのことが徐々に晶や朱里を疲弊させ、結果的に彼女たちをその場に立ち止まらせていた。

昨今は、このように、一見、リベラルで善良な男性のなかに知らず知らずに加害性が宿っていることを描く作品も多く見られるようになった。映画作品だが、坂元裕二脚本の『花束みたいな恋をした』（監督：土井裕泰、二〇二一年）の主人公の山音麦（菅田将暉）もまた、当初は女性への接し方がフラットであるのに、結婚を意識し始めると「男は仕事をして女性を守るもの」「女は家庭にいて守られるもの」という考え方に変わってしまうのだ。この映画は、趣味が合っていた二人が社会を意識し始めて、その向き合い方がすれ違ってしまう物語でもあるが、実は八谷絹（有村架純）が耐えられなかったのは、麦のなかにもともとあったのか、もしくは一時の気の迷いだったのかもしれないが、ホモソーシャルに迎合してしまう一面を彼のなかに見てしまったことではないだろうか。絹は麦に隠れてこっそりと、『82年生まれ、キム・ジヨン』（チョ・ナムジュ、筑摩書房、二〇一八年）や姫野カオルコの『彼女は頭が悪いから』（文藝春秋、二〇一八年）を読んでいたのかもしれない。

4　許される男を書いてきた宮藤官九郎の劇的な変化

宮藤官九郎は長らく、フェミニズムやジェンダー観を作品のなかにちりばめる作家ではなかったと思う。もちろん二〇〇〇年代にその視点がある作家は少なかったからそれは当然のことのようにも思えるのだが、それに鑑みても、どちらかというと男のバカなところを許してほしいという描き方をする作家だった。

二〇一四年の『ごめんね青春！』（TBS系）は、静岡県三島市を舞台に、仏教系の男子高とカトリック系の女子高が共学を目指す姿を描いた学園ドラマで、そのなかで男子校の教師である主人公の原平助（錦戸亮）が青春時代に犯した罪とどう向き合うかを描く。いま宮藤がこのテーマに取り組めばもっと違う描き方をするのだろうが、男女や宗教の違いを乗り越えて相互に理解するというテーマがありながらも、いま見ると、その相互理解とは、女性たちがバカな男子たちを受け入れることに比重があるようにも思えた。教師の平助が亡くなった母親と会話する場面も、また平助の心に長年の帰結を見て、彼が「許される」物語だったと考えていいだろう。

こうした宮藤の感覚がガラッと変わったように見えたのが、二〇一七年の『監獄のお姫さま』（TBS系）だ。この作品は、小泉今日子演じる馬場カヨが夫の殺人未遂で刑務所に収監され、そこで知り合った「姫」を救う物語である。「姫」こと江戸川しのぶ（夏帆）は、江戸川乳業という会社の一人娘だったが、板橋吾郎（伊勢谷友介）にだまされて会社を乗っ取られたうえに、殺人の罪まで着せられていた。馬場カヨたち受刑者はその事実を知って刑務官とともに板橋への復讐を決意し、出所してから計画どおりに彼を監禁する。

ドラマには、馬場カヨが、監禁した板橋に浮気をした夫の影を重ねて会話する場面がある。カヨの口癖は「冷静に、冷静に」だが、これは夫の仕打ちに怒りを感じながらも抑えていたために口にするようになったものだ。カヨは、真剣に話し合いをしているにもかかわらず、「要点まとめてから話してくれ」「これだから女は」と言われたところで板橋（とそこに重ねた夫）に包丁を向けたのだった。

このシーンは、野木亜紀子が書いてきた作品、特に『アンナチュラル』ともつながっている。女性は感情的であって理路整然と話せないと見なされていて、普段から感情を抑えているが、いざ論点をはっきりさせてしゃべるとヒステリーを起こしたとして、「これだから女は」と言われる構造があるのだ。

前述のとおり、宮藤はどちらかというと男性が許される物語を書いてきたが、『監獄のお姫さま』で、板橋は許されることは決してなかった。この劇的な変化の背景には何があったのだろうと思うほどだ（憶測としてはパク・チャヌクが二〇一六年に撮った『お嬢さん』の影響を感じているのだが）。

宮藤は、日本が初めて参加したストックホルムのオリンピックから始まり戦争のために幻になった一九四〇年の東京オリンピックを経て、六四年の東京オリンピックまで描く大河ドラマ『いだてん――東京オリムピック噺』（ＮＨＫ）を二〇一九年に執筆した。オリンピックの陰の部分にも焦点を当て、宮藤作品のなかでも強いメッセージ性があるこのドラマが描けたのは、『監獄のお姫さま』があったからではないかとも思える。

『いだてん』では、前半の主人公・金栗四三（六代目中村勘九郎）が遠征先のドイツでスポーツを楽しむ女性たちに出会い、「次はおなごの番たい」と女子教育に力を注ぐ。その後、ある女学校に赴任した四三は、村田富江（黒島結菜）という女学生に出会う。彼女は陸上競技大会に出場することになって、その大会で「走りにくいから」と素足になって靴を履きなおす姿をその場にいた新聞記者たちが好奇の目で報じて、文部省からも「素足を出すべきではない」という通達がくるほどの事件になってしまう。そこで四三は「おなごが足ば出して何が悪かね」「男子はよくて女子が悪か理由ばお聞かせ願いたい」「そりゃ男が悪か。女子には何の非もなか！　男が目隠しをしたらどうですか」と訴えかけるのだ。このシーンからは、女性たちが女性であるというだけで、どれほど男性の好奇の目にさらされてきたかが伝わるし、そのせいで抑圧されてきたことも描いている。それは現代のことを考えても重なって見えるのである。

『いだてん』にはたくさんの女性たちが出てきたが、以前よりもその描き方が繊細で、そして生き生きとしていた。それは、『監獄のお姫さま』で女性たちの生きづらさにしっかりと焦点を当てたからではないかと思えるのだ。

二〇二一年一月から始まった『俺の家の話』（ＴＢＳ系）の脚本を宮藤は執筆した。この物語は、この作品をもって芸能界を引退すると報じられている長瀬智也演じる観山寿一が主人公だ。寿一は能楽の人間国宝・観山寿三郎（西田敏行）の長男として生まれるが、幼いころから稽古をしても父に褒められたことがなく、唯一父と楽しい時間を共有できたプロレスを自分の仕事にすることに決めて、家を出たきり二十年以上も帰っていない。しかし、その父が危篤と聞いて家に帰ると父は復活。そこから寿一による寿三郎の介護生活が始まる。

この作品では、もはや『ごめんね青春！』のときのような都合がいい「男の許し」の要素は一切なく、むしろ寿一は父がしてきた「男の罪」に寄り添う。そして、その「罪」は長男の寿一にも受け継がれているものであり、そこに向き合うことがテーマの一つになっている。

近年、ブラッド・ピットがプロデュース・主演した『アド・アストラ』（監督：ジェームズ・グレイ、二〇一九年）も父と息子が自身の男性性にどのように向き合うかを描いていたし、クエンティン・タランティーノが監督、レオナルド・ディカプリオとブラッド・ピットが主演の『ワンス・アポン・ア・タイム・イン・ハリウッド』（二〇一九年）も、やはり自己の男性性に真っ向から向き合った作品だ。宮藤官九郎も、『俺の家の話』でそこに向き合った。この作品も許しの物語と捉えることもできるが、その向き合い方には、以前のように、女性を聖母と捉えるような「甘え」がない。『ごめんね青春！』には、亡くなった母親の幻影に対して主人公がいつも話しかけているのに対し、『俺の家の話』では（この原稿を書いている時点では）、亡くなった母親の顔を主人公は思い出すこともできないことにそれは表れているのである。

第９章　『チェリまほ』とＢＬドラマの現在地

前川直哉

１　平日深夜の人気ドラマ

『チェリまほ』の愛称で知られるドラマ『30歳まで童貞だと魔法使いになれるらしい』（テレビ東京系、二〇二〇年十月―十二月）の成功は、日本のドラマ界の一つの転機になるかもしれない。そう予感させるだけの魅力とインパクトが、この作品にはあった。

原作は豊田悠による同名のＢＬコミック。自己肯定感が低くコミュニケーションも不得手なサラリーマン安達清が童貞のまま三十歳の誕生日を迎え、触れた人の心が読める魔法使いになってしまう。営業部のエースであるイケメン同期・黒沢優一に引け目を感じていた安達だったが、魔法の力によって、実は黒沢が安達に熱い恋心を抱いていることに気づく。安達は戸惑いながらも、黒沢の誠実な思いに惹かれていく——というストーリーだ。ドラマの脚本は原作の設定をほぼ忠実に再現しながら、独自の要素も盛り込んでいた。

安達役の赤楚衛二と黒沢役の町田啓太をはじめ、サブカップルを演じた浅香航大（柘植将人役）、ゆうたろう（綿矢湊役）など若手俳優陣の熱演が光り、テンポがいいコメディータッチで多くの視聴者を魅了した。毎週木曜二十五時からという時間帯だったが、放送日には毎回「Twitter」で「#チェリまほ」がトレンド上位に入り、オリコン「ドラマ満足度ランキング」一位、ギャラクシー賞月間賞、ザテレビジョンドラマアカデミー賞最優秀作品賞・助演男優賞（町田啓太）、TV LIFE年間ドラマ大賞作品賞・助演男優賞（同）など、高い評価を得ている。

本章ではBLファンのゲイ男性である筆者の視点から、『チェリまほ』を中心に、BLドラマの意義や位置づけについて考察する。なお、「BLドラマ」を正確に定義することは難しいが、ひとまず本章では「主に女性向けに作られた、男性同士の恋愛を描いた作品」をBLと呼び、このようなテイストがあるドラマをBLドラマと呼ぶことにする。BLドラマには『チェリまほ』のようにBLコミックや小説などを実写化したものもあれば、原作をもたない作品もある。

2 「禁断の愛」として描かれていた時代

男性同士の恋愛をメインに据えた日本のドラマは、もちろん『チェリまほ』が初めてではない。

日本のテレビドラマで描かれた男性同士の恋愛については、綿貫大介が整理している。[1]綿貫が指摘するとおり、一九九〇年代には男性同性愛を大きく扱った作品が複数作られたが、ハッピーエンドが想像しづらい悲劇的な描写が大半だった。

よく知られている作品としては一九九三年放送の『同窓会』（日本テレビ系）がある。安藤風馬（西村和彦）は高校の同級生である折原七月（斉藤由貴）にプロポーズして結婚するが、実は高校時代からの親友・中康介（高嶋政宏）にずっと恋愛感情を抱いていた。風馬は結婚前、新宿二丁目で出会った高校生・丹野嵐（山口達也）と肉体関係をもち、嵐は風馬のことを忘れられないでいる。風馬の同級生をはじめ二十代後半の登場人物たちを中心に、入り組んだ愛憎が描かれる群像劇である。男性同士のベッドシーンやシャワーシーンも多かったこの作品は毎週水曜二十二時から放送され、高視聴率を誇った。

当時のドラマのトレンドだったとはいえ修羅場のシーンが続く作品であり、より刺激的にするためのスパイスとして同性間の恋愛が使われている感は否めない。ジェンダーやセクシュアリティに関して問題がある描写も多く、とりわけトランス女性の描き方にはかなりの偏見が含まれてしまっている。

『同窓会』は、同性に恋愛感情や性的な欲望を抱く男性の姿を正面から描き、また劇中において「男の友情」「女にはわからない」などの台詞で強調されるホモソーシャルな関係が、実はホモセクシュアルな関係と地続きにあることを暴いてもいる。異性愛主義を一定程度は揺るがす可能性を秘めていたのは確かだろう。

だが、風馬が同性に恋心を抱く自分を「生まれてきちゃいけなかった人間」と責め、男性同性愛について「愛し合うこと自体、一つの刑罰」と語るように、同性愛を「禁断の愛」と悲劇的に描く筆致がこの作品の基底には存在している。平野広朗は「初めてドラマに、等身大の、感情移入して見ることのできるゲイが登場した」と、『同窓会』での描写のリアリティについては評価しながらも、「だが、物語はぼくたちの期待をことごとく裏切って、最悪の結末を迎えてしまった」「これほどの悪意に満ちた結末があるだろうか。ゲイを祭り上げておきながら、都合が悪くなったら排除してしまう(2)」と、この作品が結局は生身のゲイに寄り添うものではなく、むしろゲイを使い捨ての小道具のように扱う安易な展開に終始してしまったことを批判している。

筆者も同感である。筆者は放映当時、ゲイ男性と自認し始めた高校生だったが、物語の行方を固唾をのんで見守りながらも、「こんな恋がしてみたい」とはつゆほども思わなかった。

3　背景にある社会の変化

それに比べると、近年の日本のテレビドラマでの男性同士の恋愛の描き方は、大きく様変わりした。『おっさんずラブ』(テレビ朝日系、二〇一八年ほか)や、よしながふみのコミックの実写化『きのう何食べた?』(テレビ東京系、二〇一九年)のヒットは記憶に新しいが、これらの作品で男性同士の恋愛は基本的に肯定されている。「同性同士でも幸せになっていいんだ」とエンパワーメントされたという、当事者の感想を耳にすることも多い。

背景には、男性同性愛をめぐる社会の変化もある。『同窓会』が放映された一九九三年の日本は、一定の年齢になれば異性と結婚することが当然とされる皆婚社会の規範が根強く残り、また同性結婚を法律で認める国は世界のどこにもなかった。『同窓会』の風馬のように、女性と結婚しながら家庭外で男性と恋愛やセックスをするのは、当時のゲイ男性の標準的な生き方の一つだったのである。(3)

以前は「生涯未婚率」と呼ばれていた男性の五十歳時の未婚率は一九九〇年には五・六%だったが、二〇一五年には二三・四%に増加し、結婚しない男性は珍しくなくなった。また〇一年のオランダ以降、同性結婚を法的に認める国も急増している。日本でも同性パートナーシップ認定制度を設ける自治体が増え、同性同士で結婚できないことは憲法違反だと訴える裁判が全国で始まるなど、同性結婚に関する議論も本格化しつつある。

性的マイノリティに対する制度的差別や社会の偏見はまだまだ多いが、少なくないゲイ男性にとって「愛する人とともに永続的に暮らす」ことが現実味のある選択肢として考えられる時代になったと言えるだろう。幸せそうに同棲する男性カップルの姿がたくさんのドラマで描かれるようになってきた背景に、現実社会の変化があるのは確かだ。

4 BLが切り開いてきた地平と『チェリまほ』

さらに『チェリまほ』は、近年のドラマのなかでも、男性同士の恋愛に対する登場人物の葛藤が前面に出ていないという特徴があった。これは、原作がBLコミックだったことも大きいだろう。

BLは長い歴史と大きな市場を有しており、描く世界は多様だ。主人公たちが男性同士の恋愛に対してどのように向き合うかは作品によって大きく異なるが、同性同士で付き合うこと自体にあまり抵抗感や葛藤を抱かない、いわば自然体のラブストーリーも多い。ドラマ版『チェリまほ』も同様で、黒沢・安達も柘植・湊も、また安達の同僚である藤崎希（佐藤玲）も同性同士の恋愛を色眼鏡で見ず、比較的ありのままに受け止めている。

「男性同士である」ことを描いていないわけではないが、むしろ安達が黒沢との恋愛に臆病になっている最大の理由は、「これ以上深入りして、ガッカリされるのが怖い」「だって黒沢は俺とは違う。完璧で、いろいろもってる。俺にないものを」といったモノローグに見るとおり、安達の自己評価の低さであり、自分の行動が原因で傷ついたり傷つけたりすることを恐れる心理である。そしてこのドラマは、「どうせ俺なんか」と予防線を張りがちだった安達が、黒沢との恋愛をきっかけに自分の殻から外へと歩み始める、一種の成長物語になっている。安達の姿に共感し、エールを送っていた視聴者も多いことだろう。

実はこうした、男性同士の恋愛を通じた主人公の成長物語も、ＢＬがその歴史のなかで育んできた定型の一つである。詳しく説明しよう。

男性だけで公的社会を独占しようとする価値観を支えるように、「男の友情」「男の絆」などの語で表現する男性同士の関係は、ほかにはない特別な価値があるとされてきた。絆から排除されてきた女性たちは、地位向上や権利獲得を求めるだけではなく、「男の絆」を外部から観賞する側に回るという戦略をとることもあった。男性同士が切磋琢磨して成長する物語を見るという快楽である。さらに近代的な性別役割分業観に基づくジェンダー観によって、戦後のある時期から、少女マンガでは「恋愛」が主要なテーマになっていた。「男の絆」を観賞する快楽と、少女マンガが培ってきた「恋愛」を描く手法の合流地点にあるのが、女性読者のための男性同士のラブストーリー、すなわちＢＬだといえる(4)。

実社会で女性は、圧倒的に「(男性から)見られる側」の位置に置かれている。ＢＬではそこから少し離れ、純粋に「見る側」としてエンターテインメントを楽しむことができる。これは男性の成長物語についても、同じことが言える。ビルドゥングスロマン（教養小説）と呼ばれるジャンルに代表されるように、男性主人公が恋愛を含むさまざまな経験を通じて自己形成や成長を遂げる物語は数多くある。だが、そこで女性との恋愛を描く場合、恋愛対象である女性は男性主人公を成長させるための存在としてだけ描かれることも少なくない。主体性がほとんど見られず、いわば男性の成長の踏み台のように扱われる彼女たちの姿（それは現実社会での女性の地位を反映している）を見て、モヤモヤした思いを抱く女性読者も多いだろう。

男性同士の恋愛を通じて主人公の成長を描くＢＬ作品であれば、そうしたモヤモヤ感を抱くことなく、純粋に物語を楽しむことができる。黒沢との恋愛を通じた安達の成長が描かれるドラマ版『チェリまほ』は、その意味でもＢＬが切り開いてきた地平に位置する、ＢＬの王道（の一つ）ともいえる作品なのである。(5)

5 ＢＬに勇気づけられるゲイ男性

ＢＬに対しては、「社会に存在する同性愛差別をＢＬが再生産しているのではないか」などの批判がゲイ男性の立場から寄せられることもあった。詳細は別稿に譲るが、(6) ＢＬを愛する多くの女性たちは、こうした批判に真摯に応答してきたと筆者は考えている。ドラマ版『チェリまほ』の作り手たちも、さまざまな場で「見て傷つく人がいない作品にしたい」(7) という思いを語っているが、こうした姿勢もＢＬを愛する女性たちの真摯な応答と同じ地平に位置するだろう。堀あきこはドラマ版『チェリまほ』のオリジナルシナリオや演出を詳細に分析したうえで、「表現物には人を傷つける可能性があることを自覚し、地雷を除去したり、多様な視聴者を想像することによって、不安感を払拭することに成功している」(8) と指摘している。

「ＢＬはファンタジーであり、ゲイ男性のリアルを描いていない」という批判もある。確かに『チェリまほ』もファンタジーである。現実社会では、人の心を読む魔法が使えないだけでなく、同性愛差別は根強いし、多くの当事者は偏見に苦しめられている。

だが、なにもリアリティの追求だけがエンターテインメントの仕事ではない。『同窓会』は当時の男性同性愛をめぐるある種の「リアル」を描いてはいたが、差別や偏見に苦しむゲイ男性たちに明るい未来を指し示すことはできなかった。むしろ、男性同士の恋愛がより自然に受け止められる半歩先の未来、実社会よりも少し優しい世界を描いた『チェリまほ』のほうが、当事者男性のエンパワーメントにつながっているのではないか。

あるゲイ男性は一九九八年の書籍で、やおい漫画（この場合、現在でいうＢＬコミックに相当）について「あり得ないこととは知りつつも、僕はまんまと作者の罠にはまり、こんな恋がしてみたいというツボを突かれてしまった」[9]と述べる。ファンタジーであるからこそ、現実社会に疲れた読者に一時の癒しを提供してくれる良質な作品はたくさんある。女性たちが女性たちのために紡いできたＢＬによって、エンパワーメントされてきたゲイ男性も数多い。そして二次元の世界を飛び出して、ＢＬドラマとして私たちの前に現れたのが『チェリまほ』だったのである。

6　急成長するアジアのＢＬドラマ市場

いまＢＬドラマが人気を博しているのは、日本だけではない。タイでは二〇一四年の『Love Sick』を大きな契機として、多数のＢＬドラマ（タイＢＬ）が作られている。タイでＢＬジャンルはY《ワイ》と呼ばれるが、これはYaoi（やおい）の頭文字だ。BLは日本の女性たちが編み出した文化だが、やおい／BL作品は海外でも広く読まれ、タイでも一九九〇年代から人気を博していたという[10]。そんななか、タイでもたくさんのBL小説が書かれ、BLドラマが作られるようになった。ウェブ配信だけの作品も含めると、近年は年間二十本以上のBLドラマが作られている。

タイBLのなかには海外ファン向けに「YouTube」などに英語字幕付きでドラマ全編が公式配信されている作品も多く、日本でも以前から熱心なファンが存在していた[11]。とりわけ二〇二〇年二月にスタートした『2gether』は世界的な大ヒットになり、日本でも「Twitter」を中心とするタイBLの爆発的なブームを呼ぶきっかけになった。たくさんの日本の雑誌やテレビ番組が特集を組み、二〇二〇年秋にはテレビ朝日が『2gether』など人気のBLドラマを量産するタイの制作会社GMMTVと業務提携したことが発表された[12]。

「YouTube」の公式配信などを通じてタイBLの人気は世界中に広がり、台湾、韓国、フィリピン、ベトナムなどアジア各国でBLドラマが矢継ぎ早にリリースされている。BLはすべての人が楽しむジャンルではないかもしれないが、海外の作品でも積極的に愛好し、情報収集に努める熱心なファンが多い。タイをはじめ各国で制作されているBLドラマの多くも自国内だけではなく海外ファンの存在を念頭に作られており、いまやインターネット上には「アジアBLドラマ市場」とも呼ぶべき空間が広がっている。

タイBLをはじめとするアジアBLドラマのなかには、主人公の友人たちが男性同士の恋愛を励まし応援するシーンを丁寧に描いている作品や、同性愛嫌悪の克服、同性結婚、家族との関係などアクチュアルなテーマを扱う作品も多く、女性だけではなくゲイ男性のファンも少なくない[13]。ゲイ男性向けのライフスタイル雑誌「attitude」タイ版がタイBLに出演した俳優たちを特集して表紙を飾るケースも多かったことは、BLドラマを愛好するゲイ男性の存在を示している。日本でもファンのゲイ男性は多く、SNSなどで活発に情報を交換しているほか、アジアBLドラマに関するゲイ・バイセクシュアル男性向けオンライントークイベントなども開かれている。

7　海外から日本へ、日本から海外へ

『2gether』の世界的ヒットを受けて「アジアBLドラマ市場」はさらに活性化し、追いきれないほどの作品が各国から次々とリリースされるようになった。昨日はタイ、今日はフィリピン、明日は台湾……と毎日のように配信されるBLドラマに耽溺する日々を送っていると、逆に日本の恋愛ドラマがいかにシスジェンダーの異性愛ばかりを描き、性的マイノリティを排除してきたかにあらためて気づいて驚かされるほどだった。

そうしたなかに登場したのが『チェリまほ』であり、この作品もまた、「アジアBLドラマ市場」の広がりの上に位置づけることができる。実際、『チェリまほ』第一話は「YouTube」で公式配信され、海外からの反響も大きかった。台湾の映像配信サービス「KKTV」に加え、放映途中の十一月にはタイなどで映像を配信する「WeTV」が『チェリまほ』の配信を急遽決定。第七話から

はタイ語ほかの字幕付きで日本での本放送とほぼ同時に配信された。この回は「Twitter」で日本トレンド一位、タイ二位、ベトナム三位を獲得し、瞬間的な順位としては世界トレンド五位も記録した。その後、二百以上の国と地域でサービスを展開するクランチロールの参入など、海外での配信はさらに拡大している。

今後は日本でも、「アジアBLドラマ市場」を最初から意識した作品が制作されることだろう。タイBLをはじめ、アジアで制作されるBLドラマは激しい競争原理の下、次々と良作を生み出している。グローバル化が進む市場で、日本からも海外ファンをうならせるようなBLドラマが多数作られることを期待したい。

8 BLドラマが開ける風穴

『チェリまほ』のようなBLドラマが世界で人気を博し、また、女性だけではなく多くのゲイ男性にとっても楽しみ勇気づけられる貴重なエンターテインメントになっている様子を見てきた。『チェリまほ』に続く作品が次々に作られるようになれば、異性愛に偏重していた日本のテレビドラマに大きな風穴が開くことだろう。新たなステレオタイプが生じないかなど留意すべき点はあるが、コミックや小説以上に多くの視聴者に開かれたメディアであるテレビドラマで男性同士の恋愛が肯定的に描かれることで、実社会に残る偏見が薄れていく効果も十分に期待できる。

「BLドラマ」という呼称をネガティブなものとして忌避する動きも一部には見られる。だが、本章で見てきたとおり、女性文化であるBLは男性上位の異性愛社会を揺るがす力を備えており、BLドラマにもその力が受け継がれ発揮されているというのが筆者の見立てだ。これまで作者や読者としてBLを育んできた女性たちに感謝するとともに、ゲイ男性だけではなく、レズビアン女性や他者に恋愛感情を抱かない人々など、さまざまな人が心から楽しめるテレビドラマが増えてほしいと願っている。

注

(1) 綿貫大介「沼堕ち必至！「チェリまほ」と日本におけるBLドラマの歴史」二〇二〇年十二月十一日配信（https://crea.bunshun.jp/articles/-/28924）［二〇二一年二月九日アクセス］
(2) 平野広朗『アンチ・ヘテロセクシズム』パンドラ、一九九四年
(3) 前川直哉『〈男性同性愛者〉の社会史――アイデンティティの受容／クローゼットへの解放』作品社、二〇一七年
(4) 前川直哉『男の絆――明治の学生からボーイズ・ラブまで』（双書zero）、筑摩書房、二〇一一年
(5) ドラマ版『チェリまほ』については、特に最終回の藤崎希の描写についてSNSなどで違和感を表明する視聴者も少なくなかった。その原因の一つに、ここに記したような「女性が（男性の成長のための）都合のいい存在として描かれること」への抵抗感もあったのではないかと筆者は推定している。
(6) 前川直哉「ゲイ男性はBLをどう読んできたか」、堀あきこ／守如子編『BLの教科書』所収、有

斐閣、二〇二〇年

（7）例えばメールインタビューでのプロデューサー本間かなみの応答など。佐々木なつみ「テレ東深夜のBLドラマ『チェリまほ』に海外から熱い反響！　制作陣の思いとは」二〇二〇年十月二十七日配信（https://news.mynavi.jp/article/20201027-cherrymagic/）［二〇二一年二月九日アクセス］。また、本書第10章「プロデューサー本間かなみに聞く――ドラマ『30歳まで童貞だと魔法使いになれるらしい』を作って」も参照。

（8）堀あきこ「『チェリまほ』にハマる人が続出した理由…ポイントは「安心感と温かさ」」二〇二〇年十二月十日配信（https://gendai.ismedia.jp/articles/-/77467）［二〇二一年二月九日アクセス］

（9）和矢『ゲイ生活マニュアル』データハウス、一九九八年

（10）「タイのドラマ　世界が恋／ボーイズラブ　作品続々　源流は日本の漫画」「朝日新聞」二〇二〇年十月十九日付、十九面

（11）視聴者による「YouTube」の字幕付け機能（二〇二〇年九月サービス終了）を利用し、ファンがボランティアで日本語字幕を付けていたタイBL作品も多かった。

（12）ブームの結果、現在では主要なタイBL作品の日本配給権の多くが日本企業によって購入されることになった。日本の視聴者にとっては多様なプラットフォームでタイBLを楽しめるようになったが、配給権の独占によって「YouTube」の公式動画が日本からは視聴できなくなったり、本国放映時に日本の視聴者だけ数カ月間の「おあずけ」をくう状態になったりしてしまう（そして有料コンテンツとなって日本の視聴者の前に現れる）などのケースも生じている。

（13）詳しくは拙稿「「友人がなぜかタイ語のツイートを大量にRTしている」SNSを席巻するタイBLを知っていますか?」（二〇二〇年四月二十八日配信［https://bunshun.jp/articles/-/37489］［二〇

二一年二月九日アクセス〕）、および「Twitterで世界トレンド一位！タイBL実写ドラマが映し出すエンタメの新たな可能性」（二〇二〇年五月二十六日配信〔https://i-voce.jp/feed/17279/〕〔二〇二一年二月九日アクセス〕）を参照。

〔追記〕執筆にあたって堀あきこさんと風間孝さんからたいへん有益なアドバイスをいただきました。厚くお礼を申し上げます。なお、文責はすべて前川に帰します。

第10章 プロデューサー本間かなみに聞く

——ドラマ『30歳まで童貞だと魔法使いになれるらしい』を作って

［聞き手：西森路代］

1 フラットな企画募集が『チェリまほ』の誕生のきっかけ

西森路代 まず、テレビにどのようにして関わるようになったのか、テレビ東京でドラマを作りたいと思ったきっかけをお聞かせください。

本間かなみ テレビドラマを作るときの座組として、その放送局の局員や系列の制作会社のディレクターが監督をすることが多いんですけど、テレビ東京のドラマ室は基本的に全員がプロデューサー職。関連する制作会社にも最近までドラマ部門はなかったので、ドラマを作るとなると映画やCM、MVのクリエーターなど、普段ドラマを作らない方々にも声をかけて、〝外の畑の血〟を入れて作り上げていくことが多いんです。それがいわゆる〝テレ東らしさ〟と言われる作品の質感に通じるところがあると思うのですが、私はその質感が好きだったので、テレビ東京でドラマを作ってみたいなと思っていました。私はテレビ東京の局員ではなくて。最初は、ほかの局でバラエティーのＡＤ（アシスタントディレクター）やＡＰ（アシスタントプロデューサー）をやっていました。でも、ドラマがやりたいとずっと言い続けていたら「テレビ東京のドラマ室で部員募集してるよ」と聞いて、そこで常駐スタッフとして採ってもらったんです。

西森　そうだったんですね。ＡＤやテレビの仕事をし始めてから何年目になりますか？

本間　去年〔二〇二〇年〕で仕事し始めて九年くらい。二十一歳からやって十年目です。

西森　『30歳まで童貞だと魔法使いになれるらしい』（テレビ東京ほか、二〇二〇年。『チェリまほ』と略記）に関しては、企画募集を経て実現したんですか？

本間　はい。企画募集は毎回フラットに、勤務形態にかかわらず会議にかけてくれて、そこで企画を出したら『チェリまほ』が通りました。

西森　それって、テレビ東京内でも珍しいことなのですか？　それとも、けっこうそういうチャンスはあるという感じですか？

本間　ほかの常駐スタッフの方も企画が通ってプロデューサーデビューするところは見てきました。私もそうなりたいなと思っていたので、企画が通って驚くというよりはすごくうれしかったです。

西森　何人かそういう人がいらっしゃる状態だったということなんですね。私も地方の局にいて、そのあとテレビ局で派遣で働いたこともあったのですが、企画募集をどういう雇用形態の人でもかまわないので広く募集しているという貼り紙は見たことがあったけれど、なかなか通ることはないだろうと思っていました。だから、『チェリまほ』の安達清（赤楚衛二）が企画募集を見て応募するけれど、少し諦めぎみなシーンもすごくリアルでした。

本間　そうですね。第九話から第十一話の企画募集のくだりはオリジナル部分です。魔法というファンタジーがあるぶん、自分たちと地続きの世界、地に足着いた要素を入れられたらいいなと思っていました。そんななかで脚本の吉田恵里香さんが提案してくれて、三十歳の会社員の安達が、魔法と黒沢との関わりでどれだけ変化したかが伝わって、物語上も何かいいフックになるものとして、企画コンペの部分を作りました。

西森　本間さんが企画を出してみての反応はいかがでしたか？　ほかのプロデューサーの方に聞くと、企画書の段階ですごくわかりやすくしないといけなかったり、「ターゲットでないおじさんにもわかるようにしてくれ」「誰にでも目を引くようなものにしてほしい」と指摘されると聞いたりします。深夜にボーイズラブの漫画が原作でとなると、興味がない人には「わからない」と言われませんでしたか？

本間　『おっさんずラブ』（テレビ朝日系、二〇一八年）のヒットがＢＬに対するテレビ業界の意識を少し変えたところがあると思っています。ですので、企画を通す段階ではそこまで苦労はありませんでした。いざ作ることになっても、本当に自由にやらせてもらいました。「もうちょっとコメディーを強めたほうがいいんじゃないの？」などいろいろと意見はもらったんですが、基本的には「好きなようにやってみな」と。それでも困ったときは手を差し伸べてくれる。ありがたい環境でやらせてもらったと思います。

2　見て傷つく人がいないようなドラマにしたかった

西森　本間さんの経歴を聞くと、これからドラマを作りたいと言う人にも夢がありますね。ドラマは「Twitter」などで発言するジェンダー問題に関心がある人からも高い評価があったんですが、そのへんに関心をもつようになったのはきっかけはなんだったんですか？

本間　幼いころからぼんやりと腑に落ちないことはありましたが、明確にジェンダー問題が話題になったり、それに対してフェミニズムの観点から声が上がり始めたりすることに強い関心をもつようになったのは、いまから五年前、二十五歳ぐらいだったと思います。私も実際、ハラスメントを肌で感じることもありましたが、異を唱えず上手にかわして流すことが賢く生きる暗黙の正義、あらがっても意味がない〝そういうもの〟と思ってきました。でも、だんだん自分のなかにいろいろたまっていって、ちょっとしんどくなってきたときに、ＳＮＳでジェンダーの平等とか女性の権利を主張している方々の発言をみて、そこに救われたり励まされたりしました。

西森　『チェリまほ』に関してはいかがですか？　ドラマ版では、いまとフィットしないジェンダー観に対しての疑問が自然に作品にも取り込まれているなと思いました。

本間　そうですね。『チェリまほ』に関しては、原作の世界観をそのまま丁寧にドラマにしようと思いながらも、ＢＬという男性同士の引かれ合いはジェンダーの問題と切り離せないジャンルだなとも思っていました。脚本の吉田さんとは「見て傷つく人がいない作品にしたいね」と話し合っていて、そこから、いろいろなセリフが生まれていった気がしますね。

西森　黒沢優一（町田啓太）のキャラクターって、安達の気持ちが自分に少しでも向いてくれたら、自分もそのぶん安達を好きという気持ちを出していこうとしていて、「ゆっくり、じっくり」が貫かれていますよね。

本間　原作の黒沢も、安達に何か強要することはせず、ただ安達が好きっていうピュアな思いが核になっているので、実写にするときにそこを際立たせたところはあります。

西森　演じる二人、町田啓太さんと赤楚衛二さんには、本作品を作るうえでどのようなことを共有していましたか？

本間　脚本や原作からシンプルにすくい上げたもの、監督との向き合いから生まれたものを演じることが俳優さんにとっては大切だと思っていました。なので、私から最初に伝えたのは、「人と人とのつながりの愛しさを描きたい」ということだけです。安達と黒沢という二人の、ただそこにある恋を撮りたいということは監督とも共通認識としてもっていました。

西森　プロデューサーといってもいろいろなタイプの方がいたり役割の違いもあったりすると思うんですが、本間さんはドラマを作っているときはどういう関わり方をしていましたか？

本間　私は毎回、現場に行くようにしていました。『チェリまほ』は、黒沢の気持ちの出し加減、安達の反応の強弱、安達と黒沢の距離感など、絶妙なさじ加減が大切な作品だったので、監督とモニターを見ながら「ちょっといまのは喜びすぎかな？」とかそういうことを見るようにしていましたね。

西森　感情の出し方で見え方が変わる繊細な作品ですもんね。

本間　そうですね。順撮りができるスケジュールじゃなかったので、第十一話を撮ったあとに第二話を撮ることもあったんです。そうすると安達と黒沢の距離感の調節が必要で。役者さんは演じるプロとして、監督は演出するプロとして気をつけるなか、私は唯一なんのプロでもないので、一観客として見守る、それで気になったところがあれば話してみる、って感じでしたね。

西森　それを役者さんに伝えるのは監督ですか？

本間　はい。基本的に現場は監督のものだと思っているので。監督のなかでの完成図はきっとあるだろうから、その完成図をもっていない私が伝えるのは違うかな、と。監督に一回言ってみて、同じ意見だと監督もキャストともう一回話したりするし、監督のなかで「いや、ここはあえてこうしたほうがフックになっていいんだ」という思いがあればそのままいってもらうし、みたいな感じでした。

西森　黒沢が飲み会の王様ゲームでおでこにキスをするシーンでも、その後、屋上に行ってキスをしそうになってペットボトルを落とすシーンでも、音がなくなったりスローになったり、ほかのドラマと比べても見せるところを急がずにじっくり見せることでその空気感、緊張感がわかるようになっているなと思っていました。

本間　音楽であおるのも好きなんですが、無音の緊張感・リアリティも好きで。監督に「音楽どうする？」と聞かれたときに「なしでいってみていいですか？」と。画として強いパワーがあったからできたことですが、じっくり見せたい、ということはこのシーンに限らず全員が意識してたことです。触れることが重要なキーだったので、基本的に安達と黒沢が触れ合う瞬間は、ＨＳ（ハイスピード撮影）で撮ってスローをかけて見せる作りになっています。

西森　そこがとても新鮮でした。

本間　もどかしい二人だからこそ、じっくり見たいというのと、見ている人を二人の触れ合いに引き込みたいと思っていて。それで、最終話のエレベーターのキスもスローをかけてもらいました。

3　『やまとなでしこ』『問題のあるレストラン』——幼いころからのテレビ体験

西森　本間さんの幼いころからのテレビ体験についても聞きたいと思います。幼いころからテレビは好きでしたか？

本間　子どものときからずっとテレビっ子で、小学生ぐらいから「今日はあの再放送ドラマがあって、夜はあのドラマがある！　だから今日は早く帰らなくちゃ」みたいな。一日のドラマを楽しみにその日を過ごす子どもでした。

西森　再放送も予定に入れるんですね。

本間　そうです。再放送で見られる『やまとなでしこ』（フジテレビ系、二〇〇〇年）がすごく大好きで。あと、深津絵里さんと堤真一さんの『恋ノチカラ』（フジテレビ系、二〇〇二年）も大好きでした。あれのために早く帰ってましたね。

西森　先ほど、テレビ東京の作品はいろんな外部のクリエーターの方と一緒に作っているところが好きでドラマの仕事についたと話されましたが、テレビ東京の作品で好きなものは？

本間　最初に意識して見たのは『勇者ヨシヒコ』シリーズ（テレビ東京系、二〇一一―一六年）だと思います。福田さんは、ずっと映画のイメージが大きかったんですけど、ドラマも撮られるんだっていうことで注目して、好きで見ていました。

西森　最近はお忙しいと思いますが、テレビは見られてますか？

本間　最近はなかなか見られていないんです。録画がたまっている状態で。

西森　バラエティーは見ますか？

本間　見ます。ジェンダーやフェミニズムからはすごく離れますけど、私は普通に『月曜から夜ふかし』（日本テレビ系、二〇一二年―）や『ロンドンハーツ』（テレビ朝日系、一九九九年―）も見ますし、『ねほりんぱほりん』（NHK、二〇一六年―）も見ますね。

西森　韓国ドラマや映画がお好きと聞きましたが、どんな作品を？

本間　韓国ドラマは『梨泰院クラス』（JTBC、二〇二〇年）がすごく好きで、あと『人間レッスン』（Netflix、二〇二〇年）も面白かったです。韓国映画は挙げたらきりがないくらい見てますね。『お嬢さん』（監督：パク・チャヌク、二〇一六年）、ちょっと前ですけど『新感染――ファイナル・エクスプレス』（監督：ヨン・サンホ、二〇一六年）も面白かった。あと『82年生まれ、キム・ジヨン』（監督：キム・ドヨン、二〇一九年）も、見ましたね。

西森　韓国で気になった作品は、やっぱりフェミニズムやジェンダーに関するものが多いですね。日本でも増えてきていますが、日本の作品でも、そういう観点で印象に残ったものはありますか？

本間　坂元裕二さんの『問題のあるレストラン』（フジテレビ系、二〇一五年）ですね。女性が仕事を頑張っていくなかで、セクシュアルハラスメントや夫からのモラルハラスメントと闘っていくさまを描いていて、強く印象に残りました。どうしてセクハラをしちゃいけないか、どうしてセクハラを許しちゃいけないかを血の通った言葉で紡いでいて、すごく励まされた記憶があります。

西森　二〇一五年の一月ですから、けっこうこのテーマを扱うことが早かったですね。いま見ても発見がある作品ですね。

4　人間関係の多様性を描けるテレビの力を信じたい

西森　『チェリまほ』がこれだけの反響を得ましたが、この先、どんな作品を作りたいと考えていますか？

本間　すごく抽象的になりますが、SNSが活発になるにつれて、あらゆる物事が白か黒かの二択でジャッジを下されている感覚があり、多様性への意識の高まりとは逆行するような、不寛容な空気を感じています。たぶんそれは、自分にとって世界を簡単にすることだと思いますが、でも白か黒かの型にはめられる過程でそぎ落とされたものこそ大切なものだったり、そもそも白と黒で分けられるようなことばかりじゃないなかで、グレーにある人間らしさとか、グレーにこそある本当のものが見落とされてるんじゃないかな、と。グレーな人間関係というか、恋じゃなくても愛じゃなくても家族じゃなくても、型にはめられてない人とのつながりだったりを描いていきたいと思います。

西森　本間さんのかつてのインタビューで、「誰を好きになろうと、恋をしようとしまいと、その人のアイデンティティに関することは本来、否定も肯定も他の誰かに言及される必要のないことだと思います」（「マイナビニュース」）と答えた部分に反響があったと思いますが、「恋愛ドラマもべつに嫌いじゃないけど、価値観が一辺倒の恋愛ドラマを見るのはしんどいなあ」という気持ちを代弁してくれた感じがありました。

本間　人間関係の機微だったり心情の揺らぎだったりがいちばん間口広く描けるのがラブストーリーやラブコメだと思っていて、恋愛ドラマはやりたいと思っていました。自分自身も恋愛ドラマは、登場人物のさまざまな物語があるから楽しめるんだけど、ラブソングの歌詞に幼いころから共感できなくて、なんとなく居心地の悪い感覚がずっとあったんですよね。だから、恋愛ドラマをやるなら「恋愛の多様なかたちを描きたい」という思いはありました。

西森　たしかに「恋愛ものが最近しんどい」みたいなのも、恋愛もののドラマが多様ではなくて一辺倒だからかもしれません。

本間　そうですよね。あと、最近になっても恋愛至上主義的な価値観はすごく根強いというか、私も「まだ結婚しないの？」とか「いき遅れるよ」とかって言われたりしますが、そういうのってたぶん私だけじゃなくて、いろいろなところで女性たち、もしかしたら男性たちも言われて、愛想笑いで流してることだと思うんです。だけど、その一瞬はやり過ごしても、その一瞬一瞬が積み重なると、すり減る感覚がくるときがある。恋愛の多様な形を描くことでそういうどこかにいる誰かに寄り添うことができたらいいなという気持ちはありました。

西森　テレビを若者があまり見ない傾向があると言われていますが、そのあたりはどう思いますか？

本間　テレビが古いというかテレビ離れしてしまうのは、悔しいけど私も共感してしまうところがあります。やっぱりテレビも一種のサービス業であり、ビジネスで、リアルタイムで見てくれる人を大切にしようと思うと普遍性や安心感があるもの、ステレオタイプが好まれる。ただ一方でそれは、いまの時代をビビッドに感じ取りながら生きている若者にとっては退屈なものだったりする。それでも、私はテレビの力をまだ信じていて。なんでもない日常のなかで、誰に話すまでもいかない心の浮き沈みに寄り添えるのがテレビだと思うし、ジェンダーやフェミニズムなど普段の生活でカジュアルに話題にあがることはなかなかない社会で大切なことでも、テレビは「あれ見た？」って言うことでカジュアルに話したり考えるきっかけを作ることができる。だから、成立することができた企画のなかでどれだけいまの時代をすくい上げることができるかは、プロデューサー陣も脚本家陣も小さいけれど闘っているところだと思います。若い人にも面白いと思ってもらえる作品を作っていきたいですね。

第11章
フェミニズムから見る韓国ドラマクロニクル

佐藤　結

『冬のソナタ』がNHK総合テレビで放送され〝韓流ブーム〟が起きた二〇〇四年から十六年という歳月が流れた。『愛の不時着』（tvN、二〇一九―二〇年）の大ヒットをきっかけに、韓国ドラマの視聴者層が一気に広がった。本章では、そんな韓国ドラマのいまを、特にフェミニズムの観点から考えていきたい。韓国では二〇一六年の江南《カンナム》駅通り魔事件以降、社会に隠されていた女性嫌悪（ミソジニー）に関心が集まり、女性たちは性差別をなくそうと次々と声を上げた。その動きは大きな波になり、文化評論家のソン・ヒジョンによって「フェミニズム・リブート」と命名された。(1) 彼女たちの熱量は、『82年生まれ、キム・ジヨン』（民音社、二〇一六年。日本でも翻訳版が一八年に筑摩書房から出版）をはじめとする多くの小説によって、私たちのもとにも届けられてきた。一方で、ドラマにもそうした動きに呼応するような作品が登場してきている。一九九〇年代以降の韓国社会の女性たちの姿と重ねながら、韓国ドラマで描かれた女性たちの現在に至る歩みを見ていきたい。

1　韓国ドラマの基礎知識

本論に入る前に、まずは韓国のドラマ事情について簡単に記す。一九五六年に初めてのドラマ『死刑囚』がHLKZ―TV（KBS第一テレビジョンの前身）で放送されて以来、ドラマは「地上波のテレビ局で見るもの」だった。現在、韓国の主な地上波局はKBS、MBC、SBSの三局で、そのいずれの局でも、曜日や時間帯に合わせてさまざまなジャンルのドラマが放送されている。まずは平日の二十二時台に放送され、通常、月曜日・火曜日、水曜日・木曜日と二日連続で放送される「ミニシリーズ」。全十六話から二十話と比較的話数が少なめ（日本に比べると十分に多いが）で、内容はラブストーリーやサスペンス、職業ドラマなど多岐にわたる。日本で紹介されている韓国ドラマの大部分がこのミニシリーズだ。そのほか、平日の朝と夜（十九時から二十時台）には「朝ドラマ」と「連続ドラマ」（話数は五十話から百話と長め。「マクチャン＝いくところまでいった」と称されるほど、極端な設定のドラマも多い）、週末（土曜日・日曜日）の二十時台には家族向けの「週末ドラマ」が放送されている。

こうした地上波全盛時代に大きな変化をもたらしたのが、二〇一一年十二月の総合編成チャンネル（JTBC、MBN、朝鮮TV、チャンネルA）の開局だった。四つの放送局はすべてケーブルチャンネルだが、それまでのチャンネルのように「ドラマ」「スポーツ」「音楽」という特定のジャンルの番組だけを放送するのではなく、多様なジャンルの番組を組み合わせた編成が可能になった。開局当初は期待どおりの成果が出なかった総合編成チャンネルだが、十年を経た現在までに各局の個性に合わせた番組作りが進み、地上波と遜色ない視聴率を記録する番組も登場している。一方、総合編成チャンネルの開局と時を同じくして、従来のケーブルチャンネルで放送されるドラマのクオリティも上がっていった。特に大手エンターテインメント企業として知られるCJ ENM傘下のtvNは、一〇年代のトレンドを牽引する作品を次々と発表した。

「Netflix」が発表した「二〇二〇年、日本で最も話題になったTOP10」では、一位の『愛の不時着』、六位の『サイコだけど大丈夫』（二〇二〇年）、八位の『青春の記録』（二〇二〇年）、九位の『キム秘書はいったい、なぜ？』（二〇一八年）がtvN、二位の『梨泰院クラス』（二〇二〇年）がJTBCのドラマだった。社会のいまを盛り込みよく練られた脚本、魅力的なキャスト、計算された美しい映像という特徴を兼ね備え、広い視聴者層に届くドラマは、地上波よりもケーブルチャンネルから誕生しているのが現状だ。

2　一九九〇年代の女性とドラマ

一九四五年八月十五日に日本が敗戦を迎えると同時に植民地支配から解放された朝鮮半島は、その後、米ソ対立の最前線として翻弄され、四八年に大韓民国と朝鮮民主主義人民共和国という二つの国が成立するに至った。さらに五〇年には朝鮮戦争が勃発。五三年に休戦になるも、韓国では六一年以降、朴正熙《パクチョンヒ》、全斗煥《チョンドゥファン》という軍人出身の大統領が長期にわたって政権を握った。

一九八〇年代に入ると民主化を求める学生や市民たちの声が高まり、劣悪な環境で低賃金労働を続けざるをえなかった多くの女性たち（映画『82年生まれ、キム・ジヨン』〔監督：キム・ドヨン、二〇一九年〕に登場した主人公の母のような）も民主化運動と女性運動を進める新たな団体を設立していった。[2] そして、八七年六月、全斗煥の後継者と目されていた盧泰愚《ノテウ》が「大統領直選制」を盛り込んだ「六・二九民主化宣言」を発表。民主化宣言は「国家と市民の関係を転換し、女性政策の地平を変える契機[3]」となって、同じ年には女性諸団体を束ねる韓国女性団体連合（女連）も結成された。女連は女性差別を禁じる男女雇用平等法の制定に向けて活動に取り組み、十二月の大統領選挙直前に不完全ながらも、同法の国会通過に成功した。[4]

こうした時代に登場して「〝女性主義（フェミニズム）ドラマ〟と呼ばれた一群のドラマ[5]」の一本として評価されたのが、MBCで一九九〇年の二月五日から三月十三日まで放送された『女は何によって生きるのか』（脚本：チュ・チャノク）だ。浮気した夫と別れて娘二人を一人で育てることになった女性の人生と並行して、テレビ局で放送作家として働くようになった長女と早くに結婚して子育てに追われる次女の姿を描いていく。ドラマ評論家のシン・ジュジンによれば、「それまでのドラマでは女性たちが愛や結婚に受動的で、家族の犠牲となるように描かれてきたが、チュ・チャノクのドラマによってはじめて主体的な女性主人公による女性の物語が描かれるようになった[6]」という。興味深いのは、韓国を代表する〝お母さん〟俳優として知られる（ポン・ジュノ監督はそのイメージを逆手にとって映画『母なる証明』〔二〇〇九年〕への出演をオファーした）キム・ヘジャが主人公を演じているという点だ。四一年生まれの彼女は、現在に至る長いキャリアのなかで、大家族の家事を一手に引き受けていた主婦がストライキを宣言する『母さんに角が生えた』（KBS、二〇〇八年）、六十代・七十代女性たちの友情を描いた『ディア・マイ・フレンズ』（tvN、二〇一六年）、高齢者の現実をファンタジーを交えながら見せた『まぶしくて――私たちの輝く時間』（JTBC、二〇一九年）と、自分と同年代の女性たちが直面する悩みを反映した作品に出演し続けている。また、『女は何によって生きるのか』で彼女の長女に扮したキム・ヒエも、既婚女性の恋愛をヒロインの感情に寄り添って見つめた『妻の資格』（JTBC、二〇一二年）や『密会』（JTBC、二〇一四年）、あるいは、長く封印してきた同性の相手への恋愛感情に四十代になって向き合う女性を演じた映画『ユンヒへ』（監督：イム・デヒョン、二〇一九年）などの作品で、ステレオタイプではない女性像を生み出すことに貢献してきた俳優だ。その時点まで「語られることがなかった」女性たちについての物語を初めて演じ、その後も節目節目で体現してきた俳優たちの共演という意味でも意義深いドラマだったと言えるだろう。

その後、一九九三年にはソウル大学に勤める女性の助教がセクシュアルハラスメントを受けていた教授を訴え、セクシュアルハラスメントが初めて法的に提起された。また、九〇年代半ばになると、女性たちの運動にも変化が見られるようになった。大学生を中心に「ヤングフェミニスト」を名乗るグループが登場。それまでおこなわれていた犠牲を強いるような運動ではなく「自分の人生を豊かにする楽しい」やり方を重視し、文化イベントやパフォーマンスを通じて、民主化運動のな

かにも存在していた男性中心性と家父長性を批判していった。(7)

一九九二年にMBCで放送された『ジェラシー』は、社会に対する批評的な視点が強調されたドラマではないが、親友同士として対等の関係にある男女が主人公というところに新しい時代の息吹が感じられる。それぞれに就職し、気になる異性と出会っていくなかで、お互いの大切さを再認識していくという展開は、現在まで続くロマンティックコメディーの元祖といってもいいだろう。「スピード感があって洗練され、感覚的な映像と速い展開」で見せる「軽そうに見えて感性あふれる若者たちのラブストーリー」(8)は、韓国初の〝トレンディドラマ〟と呼ばれた。この用語はもちろん日本から伝わったもので、『ジェラシー』にも前年に日本で放送された『東京ラブストーリー』(フジテレビ系、一九九一年)の影響が指摘されている。

3　二〇〇〇年代の女性とドラマ

女性への暴力を「人権問題」として問題提起していこうとする女性たちの粘り強い運動の成果もあり、(9)一九九八年二月に発足した金大中《キムデジュン》政権は女性政策に積極的に取り組んだ。九九年には「男女差別禁止及び救済に関する法律」が制定され、紛争処理機関として男女差別改善委員会が設置された。(10)さらに二〇〇〇年には国会議員の比例代表選出に三〇%のクオータ制(二〇〇四年には五〇%に)も導入され、(11)〇一年には女性政策を専門に扱う中央部署として女性省(現・女性家族部)が設置された。

女性の平均初婚年齢が年々上昇していくにしたがって、二十代・三十代の女性たちはマスメディアによって〝未婚〟ではなく〝シングル〟として（見かけ上は）カテゴライズされるようになった。また、安定した収入を得て人生を楽しむ女性たちを指す〝ゴールドミス〟（和製英語由来のオールドミスをグレードアップした用語）という言葉も誕生した。そのモデルは一九九八年からアメリカで放送が始まったドラマ『セックス・アンド・ザ・シティ』（一九九八―二〇〇四年）ともいわれている。しかし韓国のほとんどの女性たちは、もちろん、ドラマで描かれたような華やかな人生を謳歌していたわけではない。彼女たちは「雇用のほとんどが男性に比べて報酬が少ない非正規のパートタイム、職場は性差別やセクシュアルハラスメントや容姿差別などが飛び交う戦場で、日常は時や場所を選ばず、「嫁に行け」という暴言が溢れている生き地獄」[12]で、〝女性〟と〝（若い）年齢〟という二重のかせをはめられ、自らの欲望と現実との乖離に苦しみながら日々の暮らしを送っていた。一方で、女性たちの欲望の発露（しているように見える状態）に反発した男性たちは「経済力がないのにブランド好きで、スターバックスでコーヒーを飲むような女性を指して、虚栄心に満ちた女と非難し」、彼女たちに対する侮蔑的なレッテルである「テンジャンニョ（味噌女）」という言葉が〝流行語〟のように使われだした[13]。

こうした時代に生きる女性たちの姿をいち早くシットコムとして見せたのが、KBSで二〇〇四年十一月二十二日から〇五年十一月四日まで放送された『オールドミスダイアリー』だった。声優でラジオのDJも務める三十一歳の女性ミジャと年下のラジオディレクターとの恋を中心に、ヒロインと同じく独身の親友たちや同居する父・祖母たちも含めた人間模様を描いていく。題名も映画『ブリジット・ジョーンズの日記』（監督：シャロン・マグワイア、二〇〇一年）を想起させるこのドラマは、〇四年当時の三十代女性たちがどのような視線のなかで生きていたかを記録している。例えば、主人公ミジャのキャラクター説明には、「私たちの時代の、典型的な普通のオールドミス。ラジオでＤＪを務めているが、ほとんど無名だ。大学のときは人気者だとも言われたし、適当に恋愛もしてみた。そのときは、黙っていても男たちのほうから誘ってきたので、男に積極的にする必要はなかったが、いまは、声をかけてくれる男たちはほとんどない〔…〕[14]」と書かれている。言い合いばかりしていた三歳年下のディレクターと恋人になっていくというストーリーは典型的なロマンティックコメディーだが、その根底には一貫して「三十歳を過ぎたら結婚しなければならない」という強迫観念が流れている。

そして、二〇〇五年には最高視聴率五〇・五％を記録し、放送から十年以上を経た一八年におこなわれた「もう一度見たい思い出のドラマ」というアンケートでも一位になった[15]エポックメイキングなドラマ『私の名前はキム・サムスン』（ＭＢＣ）が登場する。二十九歳のパティシエが浮気した恋人に捨てられるところから始まり、新たに就職したレストランの年下オーナーと愛し合うようになっていくこのドラマ。これまた「韓国版『ブリジット・ジョーンズの日記』」とも呼ばれたように、〝太め〟で〝容姿に自信はない〟が、菓子作りの才能があり、プライドをもって働く主人公サムスンの明るく大らかな魅力が、同世代の女性たちから圧倒的な支持を集めた。三十代目前の女性が主人公であること、彼女が性的欲求を口にすること、結婚ではなく「自分を愛していこう」という境地に到達してエンディングになること（ネタバレごめんなさい）など、それまでのラブストーリーでは見られなかった設定が新鮮さを感じさせる。一方、このドラマでステップアップを果たした俳優ヒョンビン演じる御曹司ジノンが見合い相手に向かって「顔のどこに手を入れましたか？胸はそのままで。小さい胸が好きなので」と言ったり、サムスンに対して「そんな女を抱きたいと思うやつがいるか」「おばさん」「ブタの足」という言葉を投げかけるのは、ジノンが極度の〝ツンデレ〟キャラクターとして設定されている点を差し引いても、あらためて見直してみると、かなりのセクシュアルハラスメントと言わざるをえないだろう。

体重を八キロ増量してサムスン役を演じたキム・ソナは、この作品のプロモーションで二〇〇六年に来日した際、「三十だからってナニ？みたいな。社会がそういうふうになってきたんじゃないかなと思っています。昔は早く結婚して子どもを産んでと、女性が社会に出る機会があまりなかったと思いますが、いまは自分にどれだけ自信をもつかというのが、いちばん大事なことだと思っています」と語っていた。その言葉を思い起こすと、周囲の人々と同じく「女性にとって容姿が大事」「三十になったら結婚しないといけない」と、旧来のジェンダー意識にとらわれていたサムスンが少しずつそこから自由になっていく姿は、放送当時サムスンと同い年だったキム・ソナが代表する現実の女性たちの意識の変化と重なっていただろうと想像できる。

キム・ソナはそれから四年後の二〇〇九年に、市役所でお茶くみをはじめとする下働きを余儀なくされていた公務員がひょんなことから市長選挙に出馬する『シティーホール』（SBS）に主演している。『パリの恋人』（SBS、二〇〇四年）、『シークレット・ガーデン』（SBS、二〇一〇―一一年)、『太陽の末裔 Love Under The Sun』(KBS、二〇一六年)、『トッケビ――君がくれた愛しい日々』(tvN、二〇一六―一七年)といった数々の大ヒットラブストーリーで知られる脚本家キム・ウンスクの作品だけに恋愛要素が強いが、市役所のなかで最も〝低い〟場所にいた主人公が、自分以外の人たちの生活に目を向けてそれを変えていける可能性に気づき、誠実な政治家へと変貌していく姿が描かれていく。そして、彼女の後ろに、自分たちの声を政治に届けることを渇望していた女性たちがこれまでにも存在していたことを知らせる。ほかの候補者(もちろん男性)たちとともにテレビの討論会に出た主人公が「結婚もしていない女性がどうやって教育問題を語り、主婦の気持ちを理解しますか?」と聞かれ、「あなたは大根の値段を知っていますか?〔私は〕誰よりも庶民感覚があります」と切り返すなど、コミュニティのなかで生きる存在としての自分に価値を見いだし、政治的責任を引き受けていく姿が爽快だった。さらに一七年には、『品位のある彼女』(JTBC)で、違う〝階級〟に属する女性たちの断絶を象徴する役柄に挑んだ。老いた巨大企業会長の介護人として邸宅に潜り込み、巧みな話術で彼の二番目の妻になるボクジャという人物を演じたキム・ソナは、その家の次男の妻で一家を取り仕切るアジンという女性への強いコンプレックスに悩まされ続ける。経済的な格差の壁を策略によって超えようともがけばもがくほどアジンとの距離が広がり、最後には悲劇に見舞われるこのキャラクターには〝サムスン〟を思い出させる天真爛漫さと楽観的なトーンはみじんもなく(もちろん、ジャンルの違いも大きいが)、ドラマが描く女性像の多様化を伝えた。

4　二〇一〇年代の女性とドラマ

本章の冒頭でもふれたように、現在の韓国ではフェミニズムへの支持が広がっている。その背景には、二〇〇〇年代半ば以降、前述した「テンジャンニョ（味噌女）」に象徴される女性嫌悪の言説に対して異議を申し立て続けてきた女性たちの行動があった。[16] 一五年二月には、ＩＳ（いわゆる「イスラム国」）に志願した韓国人少年の「僕はフェミニストが嫌いです」というツイートをきっかけに、「フェミニズム」という言葉に注目が集まり、彼の発言に対抗して「#私はフェミニストです」というハッシュタグをつけた発言が相次いだ。さらに五月には、ＭＥＲＳ（中東呼吸器症候群）の最初の患者が海外旅行から帰った女性ではないかという推測記事が書かれたことを契機として女性嫌悪発言が増加。そのことを批判する女性たちが中心になって八月に立ち上げたコミュニティサイト、メガリアは、女性嫌悪発言のなかに登場する女性を男性に入れ替えてあざけり返すミラーリング戦略で女性差別の存在を白日のもとにさらした。[17] そうしたなかで一六年五月に起きたのが、江南駅通り魔事件だった。商業ビルのトイレで若い女性を殺した犯人が「社会生活で女性に無視された」と語ったことで、「殺されたのは自分だったかもしれない」と危機感を覚えた多くの女性たちが事件現場やＳＮＳ上で追悼の声を上げ、女性嫌悪や性差別に反対する声がそれまでを上回る範囲へと広がった。さらに一八年には、アメリカ発の #Me Too 運動を受けて、現職検事が職場でのセクシュアルハラスメントを告発。その後、こうした動きは芸能界、文化人、政界へと波及し、マスコミも積極的に取り上げるようになった。一方で、二〇年三月には、大学生チームの潜入取材や被害者の告発によって、匿名性が高いメッセージアプリ、テレグラムを使って女性を脅迫して撮影した画像や映像を会員たちに有料で配信していたおぞましい性犯罪であるn番部屋事件が明らかになった。しかし、こうした出来事が起きるたびに女性たちは声を上げ、関連法の制定などに影響を与え続けている。(18)

江南駅通り魔事件が起きてからわずか二カ月後の二〇一六年七月から放送された『青春時代』（JTBC、二〇一六―一七年。DVDの題名は『恋のドキドキ♡シェアハウス――青春時代』）は、シェアハウスで暮らす二十代の女性たちを実力ある若手俳優の共演で見せる青春ドラマだった。そして、そのなかで、いくつものアルバイトを掛け持ちし、深夜のコンビニエンスストアでのバイトの合間に勉強する日々を送る大学生がアルバイト先の上司から受けたパワハラや、恋人によるデートDVとその後遺症、年上男性たちからの金銭的な援助といった現実的な問題を正面から取り上げている点が印象的だった。

二〇一八年三月から放送された『よくおごってくれる綺麗なお姉さん』（JTBC）では、『愛の不時着』であらためてその実力を知らしめたソン・イェジン演じる主人公ジナが働くコーヒーチェーン店運営会社の内情を詳細に描いている。上司は職場の飲み会で、お酌やラブショット（相手と腕を組んで酒を飲む）を暗黙のうちに強要し、昼食の場では「もう年も年なんだから結婚しろ」と〝親切に〟アドバイスする。飲み会を中座した（女性の）中間管理職たちを集めて「うちの会社に性差別もないし、酒も強要しない」と大声を上げたりもする。事を荒立てないようそうした言動に同調してしまうジナが、ほかの女性社員たちから軽蔑されているという設定は、職場でのセクシュアルハラスメントやパワーハラスメントが、同じ〝被害者〟であるはずの女性たちを分断してしまう構図を映し出す。

年下男性とのロマンティックな関係と並行して職場で直面する現実を描いた『よくおごってくれる綺麗なお姉さん』に対し、翌年に放送された『椿の花咲く頃』（KBS）では、ラブストーリー、ヒューマンドラマ、ミステリーというジャンルを合わせた斬新なストーリーのなかで、女性を取り巻く困難な状況と、それに抗して新しい道を歩こうとする主人公の変化が描かれた。息子と二人で海辺の町で暮らすドンベクという名の女性は飲み屋を営みながら暮らしているため、「水商売をしている」「未婚のシングルマザー」に対する偏見のまなざしを男性からだけでなく女性たちからも向けられている。酒を出す店の女性に対しては何をしてもいい、と勘違いしている男性に対し「私が売っているのはお酒だけです。その値段には笑顔も手首を握る権利も含まれていません」と静かに言うシーンをはじめ、彼女の毅然とした態度が際立っている。また、彼女が住む町で起きた連続殺人事件の謎が明らかになっていくなかで、水商売や修理業といった特定の仕事に従事している人たち（男性も含む）を無意識のうちに見下してきた社会そのものの姿も見えてくる。さらに、犯人が犯罪現場に書き残す「調子に乗るな」というメッセージは、女性嫌悪を込めてネット上に放たれてきたいくつもの言葉とも重なる。一方で、ドンベクと従業員ヒャンミとの関係や最終的にドンベクの頼もしい応援団になっていく近所の女性たちの姿は、力強いシスターフッドを感じさせる。

二〇一九年六月に放送された『恋愛ワードを入力してください――Search WWW』（tvN）は、それまで作られてきたロマンティックコメディーでの性役割を完全に入れ替えているという点で画期的だった。ポータルサイト業界が舞台のこのドラマでは、主人公タミが、これまで数多くの男性主人公たちの定番の役職だった〝本部長〟として登場する。彼女の上司、その上の代表、さらには最高権力者である企業グループ会長も女性だ。そのため、タミの年齢も三十八歳と、ラブコメディーのヒロインとしてはかなり高めに設定されている（『よくおごってくれる綺麗なお姉さん』のユン・ジナは三十五歳で、役職は課長よりも低い代理だった）。彼女が付き合うのは十歳年下の男性で、キャリアが中断することを嫌って結婚は望んでいない。セックスをした翌朝、寝ている彼を残して職場に出勤したり、「シャツのボタンをそんなに開けて着るな」と服装に文句をつけたりもする。もちろん、彼女にとって恋愛はすべてではない。男女逆転の設定があまりに徹底しているため、まだだファンタジーのようにも感じてしまうが、私たちがこれまで見てきたドラマがいかに男性中心だったかということをあらためて思い起こさせる。

二〇一九年の一月から九月までに放送されたテレビ番組を調査した『2019年メディア多様性調査研究』によれば、実際の人口比がほぼ五〇対五〇であるのに対し、ドラマで描かれる人物の男女比は六〇・四％、三九・六％で、主人公に限ると男性五三・一％、女性四六・九％である。また、年齢を加味した分析では三十代から六十代では男性が、十五歳から二十九歳まででは女性が、実際の割合よりも多く登場しているという。(19) 年齢を重ねるにしたがって女性の俳優が演じる役が少なくなるという世界中で起きている現象が、この数字によっても明らかにされている。

『愛の不時着』は、男性主人公リ・ジョンヒョクの紳士的な態度や家事の能力、女性主人公ユン・セリの経済的自立といった点で日本の視聴者に新鮮な驚きを与えたが、ともに一九八二年生まれで同い年のヒョンビンとソン・イェジンが対等な役割を演じたという点でも、「フェミニズム・リブート」以降のドラマだったということがわかる。

若者たちを中心に視聴者数が増加しているウェブドラマについて調査した『大衆メディア両性平等内容分析報告書2019』は、モニタリングした百三十話分のドラマのなかに「性役割についての固定観念を助長する」内容が十五件、そのほか、外見至上主義の助長（十四件）やセクシュアルハラスメントや性的暴力を正当化（八件）する表現があったことを報告している。一方で、「大規模資本が投入され、制作時間が長くかかるテレビドラマに比べ」ウェブドラマは「時代の変化をいち早く反映できる」とも指摘。「大学生と社会人の日常で起こっているセクシュアルハラスメントや性的暴力、そして、#MeToo運動まで積極的に」扱っている『ちょっと敏感でも大丈夫』（tvN D STORYほか）というドラマを紹介している。[20] 二〇一八年、一九年、二〇年と三シーズンにわたって配信されているこの作品には、大学生たちが直面するキャンパス内の性差別、インターンの目を通して見た会社内の問題、ネット上の誹謗中傷などを取り上げたエピソードが登場。シーズン1の配信に合わせておこなわれた記者会見では、演出のキム・ギユンが「デリケートなイシューであるだけにより現実的でなければいけないと思った。飲み会の席やアルバイト先でのセクシャルハラスメント、〝デート〟ではなく〝暴力〟である状況など、リアルな素材を取り入れるための調査をたくさんおこない、ぎりぎりまでシナリオを直し続けながら制作した[21]」と語っている。

地上波からケーブルチャンネル、ウェブと舞台を広げながらアップデートを重ねてきた韓国ドラマ。なかには『マザー――無償の愛』（tvN、二〇一八年）のように、日本のドラマ（『Mother』日本テレビ系、二〇一〇年）をリメイクした作品が高い評価を受けるというケースも出てきている。また、日本でも韓国ドラマのリメイク作が続々と作られており、韓国ドラマの変化が日本のドラマに与える影響についても注視していかなければならないだろう。

言うまでもなく、性差別的な価値観が残る韓国ドラマもまだまだある。しかし、行動する女性たちが切り開いてきた地平は、今後も間違いなくドラマ作りに反映され続けていくはずだ。

注

（1）すんみ「韓国フェミニズム文学に描かれる共同体（わたしたち）」、タバブックス編『韓国フェミニズムと私たち』所収、タバブックス、二〇一九年

（2）山下英愛「韓国における男女雇用平等法改正」「国際女性」第二十巻、国際女性の地位協会、二〇〇六年

（3）宋連玉「ジェンダーの視点から見た韓国民主化」「ジェンダー史学」第九巻、ジェンダー史学会、二〇一三年

（4）男女雇用平等法（二〇〇七年に「男女雇用平等と仕事・家庭両立支援に関する法律」と名称変更）は、二〇二〇年まで改正を重ね、育児休職の申請要件の緩和やセクシュアルハラスメントに関する規定の整備、介護休暇についての規定などを加えてきた。

（5）山下英愛「〈女たちの韓流・47〉韓国の女性主義（フェミニズム）ドラマ」「女性をつなぐ総合情報サイト――ウィメンズアクションネットワーク（WAN）」二〇一三年十二月五日（https://wan.or.jp/article/show/3831）［二〇二一年二月二十五日アクセス］
（6）同ウェブサイト
（7）イ・ジョンギュ「コラム／オープンな人生 フェミニストはなくてヤングフェミニスト」「インターネットハンギョレ」二〇〇〇年五月八日（http://legacy.www.hani.co.kr/section-009100 011/2000/009100011200005081912411.html）［二〇二一年二月二十五日アクセス］
（8）ユン・ヨス「コラム／スター あのときこんなことが『嫉妬』トレンディドラマの誕生」「スポーツ東亜」二〇一五年六月一日（https://entertain.naver.com/read?oid=382&aid=0000361205）［二〇二一年二月二十五日アクセス］
（9）春木育美『韓国社会の現在――超少子化、貧困・孤立化、デジタル化』（中公新書）、中央公論新社、二〇二〇年
（10）前掲「韓国における男女雇用平等法改正」
（11）前掲『韓国社会の現在』
（12）イ・ジョンオク「イ・ジョンオクの文化トークトーク シングル女性たちのロマンティックコメディがブラックコメディである理由」「ル・モンド ディプロマティーク韓国語版」二〇二〇年三月二十六日（http://www.ilemonde.com/news/articleView.html?idxno=12326）［二〇二一年二月二十五日アクセス］
（13）李美淑「「殻」を破ろうとする韓国の女性たち――消される「声」に抗して」、林香里編、小島慶子／山本恵子／白河桃子／治部れんげ／浜田敬子／竹下郁子／李美淑／田中東子『足をどかしてくれま

せんか。――メディアは女たちの声を届けているか』所収、亜紀書房、二〇一九年

(14) ポータルサイトNAVERドラマ『オールドミスダイアリー』紹介ページ(https://search.naver.com/search.naver?where=nexearch&sm=tab_etc&mra=blRB&qvt=0&query=%EC%98%AC%EB%93%9C%EB%AF%B8%EC%8A%A4%20%EB%8B%A4%EC%9D%B4%EC%96%B4%EB%A6%AC%20%EC%B5%9C%EB%AF%B8%EC%9E%90)[二〇二一年二月二十五日アクセス]

(15)「朝鮮日報(日本語ウェブ版)」二〇一八年二月十二日(http://life.chosunonline.com/m/svc/article.html?contid=2018021201563)[二〇二一年二月二十五日アクセス]。調査会社PMIによる。

(16) 前掲「「殻」を破ろうとする韓国の女性たち」

(17) 木下美絵「コラム フェミニズム・リブート」、前掲『韓国フェミニズムと私たち』所収、前掲「韓国フェミニズム文学に描かれる共同体(わたしたち)」

(18) すんみ「韓国の「フェミニズム」ムーブメントが達成してきた、これだけのこと」「現代ビジネス」二〇二〇年五月十六日(https://gendai.ismedia.jp/articles/-/72593)[二〇二一年二月二十五日アクセス]

(19) 情報通信政策研究院『2019年メディア多様性調査』韓国放送広告振興公社/広告産業振興局、二〇一九年

(20) ソウルYWCA『大衆メディア両性平等内容分析報告書2019』ソウルYWCA/韓国両性平等教育振興院、二〇二〇年

(21) ユン・チョンヒ「『ちょっと敏感でも大丈夫?』青春よ、怖がるな。ジェンダーイシューに挑戦した〝現実的な〟ウェブドラマ」「10asia」二〇一八年七月十二日(https://tenasia.hankyung.com/tv/article/2018071247434)[二〇二一年三月二十二日アクセス]

第12章　画面の向こうとこちらをつなぐ〝シスターフッド〟

岩根彰子

1　女の友情は恋愛に負けたりしない

テレビドラマで、〝シスターフッド〟はどのように描かれてきたのか。

私自身は〝シスターフッド〟という言葉を意識するはるか前から、ドラマのなかの女たちの姿に共感し、力づけられてきた。そこでまずは「一九七〇年生まれの女」である私自身にとって、〝シスターフッド〟の原風景とも言える作品を二本挙げることから始めたい。

一作目は一九七九年から八〇年にかけて放送された『ちょっとマイウェイ』（日本テレビ系）だ。父親が残したつぶれかけのレストランひまわり亭の立て直しに奔走する三姉妹の奮闘を描いたコメディーで、桃井かおり演じるヒロインの浅井なつみを筆頭に、おっとり者の長姉の朋子（八千草薫）、気が強い次姉の仲江（結城美栄子）、なつみの親友・川村カツ子（研ナオコ）、ウエートレスの牧野真弓（岸本加世子）に野村和子（左時枝）と個性的な女たちが顔をそろえ、にぎやかなドラマを繰り広げていた。もちろん、幼い息子を抱えたやもめのシェフ役の緒形拳や秋野太作、神田正輝といった男性陣もメインキャストに名を連ねていたが、やはり私にとって本作の印象は「女たちのドラマ」だ。三姉妹それぞれが抱える悩みはもちろん、左時枝が実は訳ありで男に言い寄られるのがいやで無愛想な独身女を装っていたり、恋人に頼りっきりのふわふわしたお嬢ちゃんだった岸本加世子が自分の足で立ってみたいと自分から別れを切り出したり、それぞれ事情を抱えながらも明るくタフに生きている女たち。そこには女たちのゆるやかな連帯があった。だから、彼女たちが厨房で笑い合い、ともに働いている姿がとても魅力的に見えたのだろう。

もう一つ、本作で印象的だったのは最終回、研ナオコが昔、自分にほれていたという男のもとに行ったにもかかわらず、「やっぱり、いまはなつみのほうが好きだから」と桃井かおりのところに戻ってきた結末だ。子どもながらに漠然と抱いていた「女の友情＜恋愛」というイメージを軽やかに覆され、不思議な解放感を味わったのを覚えている。

もう一作は一九八一年に第一シリーズが放送された『夢千代日記』（ＮＨＫ）。山陰の小さな温泉街で置き屋を営む夢千代（吉永小百合）と彼女のもとに身を寄せる芸者たちの人間模様を描いたドラマで、当時は親に付き合って見ていたようなものだが、子連れの金魚（秋吉久美子）やほれっぽい菊奴（樹木希林）といったクセがある芸者たちが顔を突き合わせておしゃべりする姿が、なぜかとても印象に残っている。

女たちのつながりの背後にうっすらと漂う悲しみ。彼女たちは身を寄せ合うようにこたつに入ってたわいないおしゃべりをすることで、悲しみで冷えた体を温めているように見える。その「悲しみ」はもちろん彼女たち個々のものだけれど、背後には「女」であるという属性が張り付いていて、彼女たちはみんな、それを共有している。

そんなふうに言語化できるのは大人になって何度か再放送を見てからのことで、小学生だった私は、この「悲しみの共有」という感覚を映像のトーンや役者たちの表情や口調、さらにそれを一緒に見ている親たちのたたずまいなど、テレビが流れる空間そのものに漂う空気から漠然と感じ取っていたように思う。よくも悪くも、テレビドラマにはそういう力があるのだ。

2　『抱きしめたい！』が描いた女たちの共同戦線

一九八〇年代後半に登場したトレンディードラマ。その代表作ともいわれる『抱きしめたい！ I WANNA HOLD YOUR HAND』（フジテレビ系、一九八八年）は、おしゃれなライフスタイルや浅野温子＆浅野ゆう子の「W浅野」がまとう最先端のファッションなど、バブル経済が背景のキラキラした側面ばかりが注目されがちだが、実際にドラマの芯を貫いているのは、幼稚園で出会って以来「四半世紀の付き合い」の池内麻子（浅野温子）と早川夏子（浅野ゆう子）の長年にわたる「女の友情」だ。二十九歳・独身でスタイリストの麻子と、専業主婦の夏子は互いに遠慮なく本音を言い合う幼なじみの親友同士。夏子の夫・圭介(岩城滉一)は、実は麻子の元カレで、どちらもなんとなく相手に未練を残していたりもする。そこに麻子に思いを寄せる本木雅弘や麻子が恋する石田純一らが絡み、複雑な恋愛模様を描いていくのだが、最終的には『ちょっとマイウェイ』同様、圭介にプロポーズされた麻子は「あたしが夏子と別れられない」と、男よりも女の友情を選ぶ。

ここで二人の関係が「性愛」の方向に進まなかったのは、時代のせいだろうかとふと思う。というのも、夏子には感情が高ぶると麻子の肩を嚙むというクセがあるのだ。剝き出しの麻子の肩に夏子がおもむろに歯を立て、麻子が大げさに叫ぶという「お笑い」シーンではあるが、そこには若干の性的なニュアンスを読み取ることもできる。さらに後年に制作されたスペシャルでは、恋に破れて孤独に負けそうな麻子が夏子に電話して「愛してるって言ってよ」と泣きながら懇願する場面もある。作り手のなかには、うっすらとした何らかの意図があったのではないか。もしもいまこのドラマをリメイクするとしたら、麻子と夏子の間にも性的な引かれ合いがあるという筋立てのほうがリアルに感じられるかもしれない。

また、今回あらためて見直してみて、お約束の麻子と夏子の口論シーンは女の本音のぶつかりあいを見せるという側面だけでなく、女同士による「怒り」を発散させるスキルとしての表現でもあったことに気づいた。特にお説教をしてくる麻子に向かって、夏子がかなり本気で「うるさいっ!」とキレるシーンは、よくぞここまでと感心する。自分の短所やふがいない部分を的確に指摘され、「「わかっているけど、わかっているからこそ」うるさいっ!」と声に出して怒鳴ることができるのは、相手への信頼感があればこそだ。もちろん説教する側も、相手が自分でもわかっていることを知りながら、あえて相手の感情を爆発させるために指摘している。この時代のトレンディドラマでは、互いにいいなと思っている男女が派手な口げんかをするシーンが定番だったが、それとは違う、お互いを深く理解しあっている相手だからこそ可能なコミュニケーションなのだ。とはいえ、この作品で彼女たちが抱える「怒り」の矛先が、基本的に社会の理不尽などではなく、あくまで自分自身や目の前にいる相手のふがいなさに向けられたものなのは、バブル時代のドラマならではといえるだろう。

もう一つ、本作では「子どもを産むこと」を裏のテーマとして描いている。圭介は大の子ども好きだが、実は夏子は子どもを産めない体で、麻子に圭介の子どもを産んでもらってその子を育てる、という選択肢さえ考えていた。麻子も夏子のそんな気持ちを知っている。そういう「悲しみの共有」もまた、二人の関係を裏打ちしているのだ。そして二十四年後の二〇一三年に放送された『抱きしめたい！Forever』（フジテレビ系）では、腐れ縁も四半世紀から半世紀、ともに五十代を迎えた麻子と夏子の間で、こんな会話が交わされる。

夏子「一昨年だったじゃん、私たちの四十年にわたる月一のめんどくささから解放されたのって」

（略）「あんときさ、これで女として麻子と同等になったんだって思ったの。それまではやっぱどこかで、あたしは産めないけど麻子はいつか産めるんだって思ってたからさ」

麻子「あたしたちは子どもを産まなかったけどさ。いまじゃもうどう転んでも産めないけどさ。でもももっとほかのものちゃんと生《う》んでるって。ちゃんと生きて、生《う》んできたって」

子どもを産めなかったこと、家族をもたなかったこと、それぞれが抱えてきた痛みをこんなふうに率直に語り合える相手がいることは、幸せといえるだろう。この場面での、長い長い共同戦線の末の戦友同士のような二人のたたずまいには、まさに〝シスターフッド〟という言葉がふさわしい。

3　横のつながりから、縦のつながりへ

子どもを産む／産まないが女の価値につながるという夏子の考え方は、いまだに多くの女性が抜け出せていない「呪い」の一つだろう。とはいえ、妊娠・出産が女の人生を大きく変える出来事であることは事実で、だからこそドラマで女の友情を描くとき、どちらか一人が妊娠するというのは、一種、お約束のパターンでもある。

例えば図書館司書で内気な香坂優美子（安田成美）と、ミュージカルダンサーを目指す勝ち気な月島カンナ（中森明菜）という、性格も育ってきた環境もまったく違う二人が偶然出会い、強い絆で結ばれていく『素顔のままで』（フジテレビ系、一九九二年）。同じ男性を好きになるというありがちな展開ではあったものの、描写としては二人が互いを思いやる気持ちに重点を置いた女の友情ドラマだったが、ラストは二人が思いを寄せていた村上一也（東幹久）の子どもを身ごもった優美子が出産後に亡くなり、カンナがその子どもを育てるというものだった。

一九九四年の『29歳のクリスマス』（フジテレビ系）は、新しいレストラン立ち上げに奔走するOL矢吹典子（山口智子）、報道カメラマンとして働く今井彩（松下由樹）、商社でクレーム処理の仕事をする新谷賢（柳葉敏郎）ら三人の男女の恋と仕事と友情を描いた物語。本作もまた物語の最後で、賢の子どもを妊娠した彩が一人で産むことを決め、それを典子が支えていくと宣言する。それまでシングルマザーになることにさんざん反対していた典子が、彩の決意が固いことを悟ると、「もし父親が必要になったら、私がなってあげる」「ずっとそばにいるから、安心して産め」と全面サポートに回る。女同士の擬似家族の誕生を予感させるこのラストは、当時、ちょうど社会人になったばかりの自分の目にはまぶしく映った。本作もまた、九〇年代を代表するシスターフッドドラマと呼んでいいだろう。

一九九六年に放送された『イグアナの娘』（テレビ朝日系）には、「友情＝連帯」という横につながるシスターフッドとは少し異なる形態の関係性を見いだせる。本作は萩尾望都の名短篇を岡田惠和が連続ドラマとして膨らませた傑作だが、原作にはないドラマオリジナルの要素の一つが主人公の青島リカ（菅野美穂）と転校生の三上伸子（佐藤仁美）との友情だ。

自分の顔がイグアナに見えることで母親から疎まれ、そのせいで自分に自信がもてずにいるリカに、転校生の伸子は、もっと外の世界を見て、自分に自信をもてと促す。ある日、家を飛び出して伸子の家に泊めてもらったリカが、伸子の母（木内みどり）と二人で話す場面がある。そこで母親はリカに、伸子も過去に心に傷を負って周囲になじめなかったことがあるのだと打ち明け、伸子がなぜ自分のことを気にかけてくれるのかわからずにいたリカは、その話を聞いて伸子の思いを素直に受け止められるようになるのだ。その後、二人が目の前にいない伸子の話をして笑い合っているさなかに当人が帰ってくるまでの一連のシーンは、リカと伸子という同世代のつながりと、それを包み込むように見守る上の世代からの目線という、横軸と縦軸のシスターフッドが優しく交じり合う名場面だ。そしてまたこれが憎らしいほどの脚本のうまさなのだが、実はこのあと、リカと伸子の母親は、もう一度、伸子が不在の状況下で語り合うことになる。ここで木内みどりが見せる、自分も大きな悲しみを抱えながらも、リカを未来へ押し出してやろうとする姿は、このドラマの白眉の一つといえるだろう。

4　ともに働き、ともに暮らす女たちの連帯と共闘

一九九〇年代後半から二〇〇〇年代にかけては、女たちの群像劇が数多く作られた。監察医務院を舞台にした『きらきらひかる』（フジテレビ系、一九九八年）は、新人監察医の深津絵里、法医学者の鈴木京香、毒物分析が得意な先輩監察医の小林聡美、女刑事の松雪泰子という四人の個性的な女性を中心にした一話完結の法医学ミステリー。プロとして働く女たちが、仕事を通じて互いを尊重しあう姿は、画面のこちら側の私たちをも勇気づけてくれた。

同年の『ショムニ』（フジテレビ系）もまた、仕事のプロに徹した女たちのドラマだ。ショムニ＝庶務二課。庶務のような一般職は女性が就くもので、総合職よりも下というイメージがまだ強かっ

たところ、脚立を抱えて颯爽と立つ江角マキコと、その両脇に並んだ庶務二課の面々という絵面が、どれだけそのイメージを刷新しただろう。秘書課（＝総合職）の面々との対立など、会社内に存在する女の分断を見せながらも、いざというときには「仕事として」助け合うのもいい。江角マキコの「あんたは男や会社のためにいるんじゃない。あんたのために、男や会社があるんだよ」という台詞は、徹底的にリアリティーを排除したコメディードラマの世界で発せられたからこそ、深くリーチしたのではないだろうか。

仕事つながりでいえば、二〇〇一年の『ファイティングガール』（フジテレビ系）も忘れがたい。洋裁が好きな吉田小夜子（深田恭子）と韓国からの留学生・宗亜美（ユンソナ）がオリジナルのファッションブランドを立ち上げるため、水と油のような性格の違いも価値観の違いも乗り越えて共闘していく姿を描いた青春ドラマで、若い女であることや国籍のせいで理不尽な目にあう二人が障害をはねのけていく姿は見ていて爽快だった。目が不自由な小夜子の妹や、父の工場で働く年上の地味な女性（演じていたのは天海祐希！）ら周囲の女たちにも二人の情熱が波及し、彼女たちの人生にも変化を与えていくという展開も、見ていて豊かな気持ちになる。「強くなりたい」が口癖で武闘派な深田恭子の闘う女ぶりや、日本の連続ドラマではまだ描かれることが少ない日韓の「お国柄の違い」を正面から描いたことも含め、タイトルどおり「闘う」シスターフッドドラマだった。

同じく女たちの群像劇でも、『アフリカの夜』（フジテレビ系、一九九九年）、『ちゅらさん』（NHK、二〇〇一年）、『すいか』（日本テレビ系、二〇〇三年）などは、年齢も生き方も異なる女たちが生活をともにすることで生まれる、ゆるやかな連帯と共闘を描いていた。『アフリカの夜』には総菜屋のおかみさんでアパートの古株でもある室井滋、『ちゅらさん』では一風館の管理人を演じた丹阿弥谷津子、そして『すいか』には教授こと浅丘ルリ子と、なぜかどの作品にも若い女性たちのメンター的存在になる年上女性が配されているのは偶然なのか必然だったのか。室井滋の「不退転の覚悟で臨め！」や、浅丘ルリ子の「いて、よし」など、上の世代の女性たちが発する道標になるような言葉は、ドラマの登場人物たちだけでなく、多くの視聴者の心にも刺さったものだ。

また、いまだにファンが多い『すいか』では、舞台の下宿屋ハピネス三茶の人間模様に加えて、ヒロイン早川基子（小林聡美）と、その元同僚で一億円を横領して逃亡中の馬場ちゃん（小泉今日子）との不思議なつながりも描いている。〝普通の生活〟の内と外で、ときおり互いの日常を想像しあう。そのことが、それぞれの人生をほんの少し色づけてくれる。そしていまも食事のあと、茶碗に残った梅干しの種を見て、どこか遠い場所で逃げ続ける馬場ちゃんの姿に思いを馳せるファンも多いだろう。そんな形の連帯もあるのだ。

5　女たちの「共助」を描いた『OUT――妻たちの犯罪』

ここまで見てきた作品はほとんどが、女同士の友情や共感が温かなシスターフッドへとつながっていくタイプの物語だった。それに対して一九九九年の『OUT――妻たちの犯罪』（フジテレビ系）は、日本のドラマでは珍しく、ハードボイルドなシスターフッドを描いた異色作だ。

一九九七年に出版された桐野夏生の小説『ＯＵＴ』（講談社）のドラマ化で、弁当工場でパートとして働く主婦たちが死体処理の仕事を請け負うというセンセーショナルな内容の原作をかなり忠実に映像化しているのだが、なんといっても弁当工場の描写が秀逸だ。雑草が生い茂る空き地の先に立つ工場に、夜更け、続々とパートの女性たちが集まってくる。白衣とマスクを身に着けた彼女たちは、青ざめた蛍光灯の光の下で機械作業のようにトレーに白飯やおかずを黙々と詰め続ける。その映像から、彼女たちが置かれた人生のどん詰まり感が切実に伝わってくるのだ。

仕事ができるぶん周囲に煙たがられて、二十年勤めた信用金庫を辞めることになった主人公・香取雅子（田中美佐子）。夫に先立たれ寝たきりの姑の面倒を見ている吾妻ヨシエ（渡辺えり子）、夫のギャンブル癖とＤＶ（家庭内暴力）に苦しむ山本弥生（原沙知絵）。それぞれ「女」であるがゆえの痛みやつらさを抱えて、それぞれの人生を生きている。彼女たちが職場のロッカールームで世間話をする姿は、いわば『夢千代日記』の居間の進化形だ。しかし彼女たちは、偶発的にではあるがそこにとどまらなかった。弥生が勢いで夫を殺してしまい、雅子とヨシエは成り行きでその死体をバラバラにして生ゴミとして捨てることになるのだ。

夫を殺した直後、ハイになっている弥生に向かって雅子が無造作に「ウキウキしてるとバレるわよ」と釘を刺す、この一言が見事だ。この台詞一つで、彼女がなぜ弥生に協力したのかが腑に落ちる。方法はともあれＤＶ夫がいなくなることで弥生がどれほどの解放感を得られるか、彼女は痛いほどわかっているのだ。いつか自分もその一線を超えてしまうかもしれないという思いが、雅子やヨシエを弥生を助ける方向に進ませる。この危うい連帯の底に流れるのは友情ではなく、ひとごとではないという「共感」と、自分の手ではどうにもできない人生への「怒り」だろう。

さらに本作が痛快なのは、仕方なくやった死体処理が彼女たちの仕事になっていくところだ。誰にでもできる弁当工場のパートと比べ、ほかの誰にもできない死体処理の仕事には、倫理的な問題はさておき、やりがいがある。そのうえ、対価として高い賃金を手にすることができる。一体百万円で死体をバラバラにする仕事を請け負った雅子とヨシエの、すでにプロフェッショナルになっている目と手つきを見て、仕事を斡旋する役の哀川翔が思わず「カッコいい」と呟くシーンなど、快哉を叫びたくなるほどだ。修羅場をともにくぐってきた雅子との別れ際、ヨシエが言う「地獄で会おう」という最後の一言もしびれる。

女だからというだけで能力を正当に評価されない職場状況や、女性の生活苦、外国人労働者の存在など、さまざまな社会問題もちりばめられている本作は、二十年後のいま見ても、むしろいま見てこそ切実なリアリティーを感じられるかもしれない。

6　二〇一〇年代に現れた「自戒」と「守る」視線

二十一世紀のシスターフッド映画の代表作『マッドマックス――怒りのデス・ロード』（監督：ジョージ・ミラー）が公開された二〇一五年、日本のテレビドラマ界でも明確にフェミニズムの目線をもったシスターフッドの物語が放送された。ただ「女」であることによって社会から不条理で不本意な扱いを受けてきた女たちが、レストランを舞台に男たちに戦いを挑む『問題のあるレストラン』（フジテレビ系）だ。友人がひどいセクハラ（セクシュアルハラスメント）にあったことをきっかけに会社を辞めた田中たま子（真木よう子）が仲間として呼び集めたのは、謎が多いソムリエールＹＯＵ、離婚調停中のシングルマザー臼田あさ美、女装好きのゲイ安田顕、東京大学出身で頭でっかちの二階堂ふみ、恋愛依存女子の高畑充希、対人恐怖症の松岡茉優ら、バラエティー豊かな面々。性格も年齢もバラバラのキャラクターをそろえた理由は、社会でおこなわれているさまざまなセクハラやパワハラ（パワーハラスメント）や女の生きづらさを可視化するためだと思っていたが、中盤で狙いは実はそれだけではなかったことに気づかされる。

六話のラスト、二階堂、高畑、松岡の若手三人が買い出しにいくのと入れ替わりに、真木よう子のもとをＹＯＵが訪れる。そこからの約五分間は、何度見ても涙が出るほど美しく静謐で、真摯で、そして力強い名場面だ。

ＹＯＵは真木に、実は自分は弁護士で、十年前にセクハラの裁判を担当して負けたことがあると告白する。裁判では事実関係を根掘り葉掘り聞かれるため、被害者はつらい思いをする。だから絶対に勝とう。そう約束していたのに勝てなかった。それから十年間、彼女は弁護士の仕事をしていなかった。

「でも、もう一度あっちに戻ろうと思って」

スーパーで楽しそうに買い出しをする若い三人の映像に、ＹＯＵのセリフが重なる。レストランには人生の華やかで楽しくて幸せなものが集まっていて、弁護士の仕事には人生の悲しくてつらくていやなものが詰まっている。でも、世の中はお花畑だけじゃないから、誰かが泥のなかで溺れている人を助けなくちゃいけない。だから、私は怒るほうをやる。そう言って、ＹＯＵはひどいセクハラにあった、たま子の友人の訴訟を引き受けることを宣言する。そして、こう続けるのだ。

「なんでまたこんなこと思うようになったのかなって考えたら、やっぱり私、あの子たちのことが好きになったからなんだよ」

柔らかな冬の日差しのなか、買い物帰りの若い三人が公園でテイクアウトのコーヒーを飲みながら、シューベルトのピアノソナタをイヤホンを分けっこして聴いている。松岡茉優が「生きててよかったな」「生きような」とポツリと呟く。男からの暴力やセクハラ、親からのネグレクトなどつらい出来事を乗り越えてきた彼女たちに、これ以上、何も起こりませんようにと、画面のこちらからも祈らずにいられない。

自分たち大人が戦いから逃げたり、戦いに負けたりしてきたことによって、下の世代が同じ目にあい続けていることを悔やみ、彼女たちを守るために戦うことを決める。この、自戒を込めた下の世代を思う目線は、この時期、現実社会の女たちのなかでも強くなりはじめていた。そしてこの目線を得たことによって、ドラマのなかで描かれるシスターフッドも一歩、先へ進んだのではないだろうか。

実際、この目線はその後のドラマにも見ることができる。例えば二〇一六年の『逃げるは恥だが役に立つ』（TBS系）で主人公・森山みくりの叔母・百合ちゃんが、若さだけを自身のよりどころにしている年下の女子にかけた「そんな恐ろしい呪いからは、さっさと逃げてしまいなさい」という言葉もそうだし、一七年の『監獄のお姫さま』（TBS系）は、前科者の小泉今日子、菅野美穂、坂井真紀、森下愛子、そして彼女たちに共感した元看守の満島ひかりが、男に無実の罪をなすりつけられた夏帆の潔白を証明するために共闘していくという、そもそも「おばちゃんたちが下の世代を守るために闘う」という構造の物語だ。この作品が面白いのは、おばちゃんたちの過去を見せる回想シーンで、相手の男を演じるのがすべて夏帆を陥れた伊勢谷友介だということだ。このトリッキーな演出は、実はシスターフッドの本質を射抜いている。すなわち「立場も性格も異なる女たちが連帯できるのは、これまで受けてきた不条理や不本意な出来事の原因が根本的に同じだからなのだ。

7　画面から伸ばされた手を、握り返す

二〇一〇年代後半のテレビドラマでは、ますます多彩なシスターフッドが描かれている。一七年

の『カルテット』（ＴＢＳ系）の松たか子と満島ひかりの痛みと罪を共有するつながり。一八年の『獣になれない私たち』（ＴＢＳ系）では、一人の男を挟んだ元恋人と現恋人という過去何度も描かれてきた女二人の関係に、その男の母親も加わった不思議な連帯が描かれた。一九年、『G線上のあなたと私』（ＴＢＳ系）ではバイオリン教室で出会った松下由樹と波瑠、『凪のお暇』（ＴＢＳ系）では職業安定所で偶然知り合った黒木華と市川実日子が互いに影響を与え合い、人生になくてはならない大切な友人になっていく。二〇年の『MIU404』（ＴＢＳ系）の第四話、ゲスト出演の美村里江が遠く離れた国の会ったこともない少女たちへの思いを命がけで届けるエピソードも忘れられない。さらに同年の『妖怪シェアハウス』（テレビ朝日系）に至っては、人間と妖怪という住む世界の違いさえ超えたシスターフッドを紡いでみせた。

実際に見ればわかるが、これらのドラマのなかの〝シスターフッド〟は、その言葉が流行しているようだからちょっと取り入れておこうか、といった軽い意識で描かれてはいない。もっと肝が据わった、作り手たちの覚悟が伝わってくる。この変化には、近年ディレクターやプロデューサーなどの作り手側に女性が増えてきたことも無関係ではないだろう。

先に紹介した『すいか』の名台詞「いて、よし」は、信金に勤める小林聡美による、自分のように平凡な人間でもこの世界にいていいんですかね、という問いかけに対する浅丘ルリ子の答えだ。ちょうどこの作品のオンエア時に三十代後半だった私は、一人で背すじを伸ばして生きる先輩女性からのエールとしてこの言葉を受け取った。そして十三年後、『逃げ恥』のなかで自分とほぼ同年代の百合ちゃんが、若さだけが女の魅力だと考える年下の子に送った「そんな呪いからは、さっさと逃げてしまいなさい」という台詞は、いまならば私自身が、身近にいる呪いにかかった年下の誰かにかけられる／かけるべきエールだと感じた。そして、きっといま、真剣に女の連帯を描こうとしているドラマの作り手たちも、あの「いて、よし」や、ほかのいくつもの物語が描いてきたシスターフッドから受け取った力を込めて作っているにちがいないと思うのだ。

テレビドラマは時代の空気を映すものであるのと同時に、時代の空気を作るものでもある。画面の向こうで生まれたシスターフッドは、画面の向こうからこちら側へも手を伸ばす。その手をどう握り返すのか。これから先、テレビドラマのなかでどのようなシスターフッドが描かれていくのかは、現実を生きる私たちの肩にもかかっている。そして、新たに描かれるシスターフッドがまた、それを見る新しい世代の手を引いて先へと進んでいくだろう。

生きている時間も場所も、画面のこちらかあちらかも超えて、連帯は続く。テレビドラマでシスターフッドを描くことの意味は、ここにあるのではないだろうか。

第13章 わたしのためではない物語に親しむ

――マイノリティ、ジェンダー、テレビドラマと社会空間のあいだから

鈴木みのり

「周縁化された属性の人々にとって、ほとんどの映画やテレビドラマは自分のためのものではない」

俳優のラヴァーン・コックスはそう指摘し、『愛のイエントル』（監督：バーブラ・ストライサンド、一九八三年）に、子どものころに周りが自分を女の子だと見てくれないという疎外感を重ねた[1]、と語った。好きな映画さえトランスジェンダー（かつ黒人）というマイノリティとしての自分のためのものではないとしても、コックスにとって接続点が見いだせたのだと。

二〇二〇年十一月から放送された『38歳バツイチ独身女がマッチングアプリをやってみた結果日記』（テレビ東京系、「ドラマパラビ」枠）は、多くの点で自分とは異なる存在を描きながらも、わたしの物語だと感じられた。恋愛・セックス・出産・子育てがひとつながりのレールになった異性愛

主義の家族規範に基づく、再生産を当たり前とする価値観による抑圧をひもとき、さらに女性である人々に「控えめであれ」とがんじがらめにしてくるジェンダー規範を転覆するような軽やかな演出も魅力的だ。複数の男性といくつかのかたちの性的な関係をもつという物語のなかで、女性には性的な欲望がないものとしてきた規範とロマンチックラブへの信仰を問い直し、脚本上の『ロミオとジュリエット』を話題にするやりとりから、伝統的な男性上位の関係は視覚的に反転される。カメラ位置と構図という技術面の工夫と余裕は、深刻なドラマとして深入りしすぎず、ときにユーモラスに現実の諸問題にふれようとする距離感を生む。

「好き同士じゃなくても相性が合えば最高なんだ。こんなに楽しいんだ。あれ?、好き同士じゃないとヤッちゃダメって誰が決めた?」「勝手に決めてたの、わたし?」

こう自問しながら、セックス目的だろうユーザーとの出会いを繰り返す主人公・松本チアキは、「好きになった人とセックスをする」というロマンチックラブイデオロギーにとらわれていることに気づく。ラブと欲望を切り離し、セックスの快楽を享受して自尊心を回復する。そんなチアキに出会い系アプリを勧めた張本人の友人リカは、体の関係から始まる恋愛もあるかもと言いながらも、「結婚し、子どもを産み育て、家族を作る」という異性愛主義の家族規範の理想像から逃れられない。女性が経済的に不安定な立場に置かれやすいために誰かとともに生きていくというかたちを「異性と作る家族」でしか想像できない苦悶をめぐる、チアキとリカが担うネガ／ポジは、自分の身体を通して子どもを作る未来を失ったわたし自身の人生と重なっても見えた。

マッチングアプリの利用という現代的な要素を取り入れた点だけではなく、セクシュアルな経験や言説を通して、性的指向《セクシュアリティ》やジェンダーを含めたアイデンティティが構築されていくことや、他者からの承認への欲望と孤独に葛藤するドラマとして、『38歳アプリ』とアメリカのドラマ『ユーフォリア／EUPHORIA』（HBO、二〇一九年）には重なる部分がある。『ユーフォリア／EUPHORIA』に登場するハンター・シェイファー演じるジュールズ・ヴォーンは、「抑圧する男」「抑圧される女」という二元論の図式ではジェンダーやセクシュアリティをめぐる政治性を語りきれないということを看過して、言う。「男性を〔セクシュアルな文脈で〕征服することで女性性を克服する」と。

トランスジェンダー女性である高校生のジュールズは、（主にシスジェンダー男性[2]の）ゲイやバイセクシュアルを利用者層とするマッチングアプリで出会った男性たちとセックスを重ねているのだが、その経験は、単に欲望や恋という情に突き動かされているだけのものとしては描かれていない。トランスである個人の身体や経験には、ホルモン投与（や性別適合手術）など医療による不可逆な変化を選択するかどうかや異性愛主義の家族規範からの抑圧があり、つまり身体をめぐる個人の選択に性の政治が関わっている。生物学的な再生産から外れていくトランスのあり方を引き受けるジュールズの描写には、社会からの疎外や異端視による自尊心の欠如、他者への頼れなさ、それでも承認と安全への希求からせめて欲望の器になろうとすること、しかし性的欲求の対象でしかないモノ化の痛みといった、血が通った個人の身体が性に関する欲望と政治によって引き裂かれる葛藤と喜びが同時に刻み込まれている。年齢の違いを別にすれば、ジュールズは、『38歳アプリ』のチアキとは異なるかたちでわたしのものだと感じられる存在に見えた。

規範のレールを解体し、恋愛、セックス、再生産、身体といった事象を分けて考えられる知識を得ても、ロマンチックな愛に支えられた関係性や他者に頼らざるをえない共生への希求を捨てきれず、もがいてしまう。なぜ、友達が抱きしめる手や腕や温もりや言葉では、満たされない何かがあるのか。

異性愛でシスジェンダーの女性と男性を軸にしたドラマ『夫のちんぽが入らない』（FOD／Netflix、二〇一九年）の、「入らない」というキーワードを繰り返しながら表現される、異性愛主義の再生産を前提とするセックスの様式に一致しない関係性という非典型な人々のあり方や物語は、ゲイ、レズビアンといったセクシュアリティのマイノリティ、トランスジェンダー、ジェンダークィア、ノンバイナリーといったジェンダーのマイノリティらの葛藤とも通じるかもしれない。

タナダユキ監督によって演出された、視線の一致、じゃれあい、言葉にならない二人の親密な時間が感じられる描写に加え、「入らない」ことに内罰的になる主人公・渡辺久美子の控えめな態度をいやみなく体現する石橋菜津美と、一人称の原作では薄く感じられた夫・研一に温もりを帯びた微妙な挙動や屈託のなさで肉づけする中村蒼の力で、（規範的な）セックスができなくても共に生きられる可能性の示唆に成功している。また「入らない」という久美子の語りからくる「女性側の性器に障壁がある」という面だけではなく、「入れられない」という研一側から見てみると、「挿入するという規範的には機能しない性器」をもつ男性の物語としても興味深い。[3]

「人はなぜ結婚するのか?」と高校生の久美子が教師に問われる場面が象徴するように、『夫ちん』の世界でも、「恋愛・結婚・出産・子育て」がセットの異性愛を「当たり前」とする家族主義がよきもの・規範となっていて、それは、わたしたち視聴者が生きる社会を支配している価値観でもある。脚本の黒沢久子も、「ちんぽ」という間の抜けた音感を含む言葉を効果的に使うなどユーモアを交えて脱臼させる演出を随所に見せるタナダも、現行の婚姻制度と家族主義への疑問を抱いているのだろう。『夫ちん』の久美子のような、婚姻していて出産経験がない女性は未婚の人々からは「結婚しているからいいよね」と線を引かれ、「普通は」生殖能力が備わっていると自明視される社会では、その役割を果たしていないと見なされ、孤立しやすい。この孤立の微妙な困難は言葉にしづらく、再生産の仕組みとしての家族主義から外れやすいクィアな人々の立場と響き合うようにも思う。

タナダ演出・黒沢脚本コンビと言えば『東京女子図鑑』(Amazon Prime Video、二〇一七年)も興味深い。もとになった雑誌「東京カレンダー」(東京カレンダー)での連載の、東京の各地と女性の類型を結び付けた紋切りを踏襲しながら、秋田から就職で上京した女性を主人公に、年齢、仕事、付き合う相手に応じて住む場所を変えていくこのドラマシリーズから見えてくるのは、一人の女性のなかの多層性と複数の生き方の可能性と、その「ありえた未来」への憧憬だ。

主人公の綾はミーハーで教科書的な理想の生き方像を抱き、「殺風景な」地方ではなく「華やかな」都会の東京に憧れ、そこでの仕事の成功と成長をめざし、付き合う相手が自分を「よりよく」見せてくれるという幻想を抱き、「女性」とされる身体すべてに備わっていると信じられているジエンダー規範、異性愛・家族主義、エイジズムをカジュアルに内面化している。トレンディドラマ的「理想の物語」が頂点に達するのは、結婚して豊洲のタワーマンションに引っ越した地点だろうが、綾の物語はそこで終わらず想像していたレールからズレていく。綾はそもそも、理想化されたロールモデルをめざしながら、それとはズレる自分、他者、人生のままならなさのなかで生きる道を模索してきた。「三十歳になるまでに恵比寿のジョエル・ロブションにデートに連れて行ってもらえたらイイ女」と、クレジットカードの分割払いで高額なドレスや下着を買ってまで「似合う自分」を演出しようとしたけれど、出身階層がより高い女性に交際相手をとられる。三十代になって婚活サービスを利用すると、条件を下げて服装を見直すようにアドバイスを受ける。「妻になる人にも夢や目標をもっていてほしい」と、一聴すると「理解がある」夫と世帯年収一千万円を超えるも、家族を作ろうとするが子どもはできず……。

こうして「望ましい女性像」を体現しようとする人物像は、社会制度や社会通念のうえでは明らかに差異があるものの、トランス女性や女性として扱われてきたジェンダークィア、ノンバイナリーな人々の「シスへの同化＝パスをする」経験と似たところがあるように感じられる。結婚して子どもができ、子育てをし、そこから「第二の人生」みたいなドラマはある一方で、「第一の人生」というゴールさえ切られていない、しかしその規範の影響下の葛藤はないかのように同化したものとして。

経済や文化での資本の階層、さまざまな障害、ジェンダーやセクシュアリティの、多様なあり方や選択を考慮すると、「女性」といっても一枚岩ではない。そうした周縁化されやすい人々の物語の可能性がタナダユキ・黒沢久子コンビのドラマシリーズには感じられる。

　恋愛を介さない男女の「家族」の物語としての『カルテット』（TBS系、二〇一七年）、偽札作りと偽装家族：「本物ではない」が重なる『anone』（日本テレビ系、二〇一八年）が捉える実人生たち――坂元裕二が脚本を手がけた主に二〇一〇年代のドラマにも、（「普通」に見えて）非規範的で周縁化された人間像が刻まれている。立場が異なる複数の女性たちが集い、声や意見が重なったりすれ違う『問題のあるレストラン』（フジテレビ系、二〇一五年）を、性暴力被害の実証の困難、家庭内の精神的なDV（ドメスティックバイオレンス）と自尊心の欠損、異性愛主義の男性中心社会で生きていくための「弱い女性像」の演出といった、現在の日本社会でも続く、主に女性が見舞われやすい困難と等しく「女装好きのゲイ」を名乗る几《おしまづき》ハイジの物語を織り込んだ点から、注目したい。

　あらためて見直すと、「ゲイ（男性）」を自称するハイジのあり方が、はたして（シスジェンダーの）男性と理解するのが適切なのかどうか、とても微妙な表象だと感じられる。ハイジは、「あたし」という女性的とされる一人称を使い、就労時はメイクもしっかりして、日常着、寝間着、所作も含めてドラマのなかで映される実生活のすべてが女性的なジェンダー表現で貫かれ、つまり、トランスジェンダー女性あるいは女性的なジェンダークィアやノンバイナリーと思えなくもない。

　トランス女性とシスジェンダー男性のゲイを、「出生時に割り当てられたジェンダーが同じ」という点からいっしょくたにする傾向は、「オカマ」あるいは「オネエ」といったメディアでの扱い、そして新宿二丁目のバーのようなゲイを中心とする街・空間で当事者らによって採択されてきた。この「オカマ」「オネエ」様式は当事者らのコミュニケーションの潤滑油として機能しながら、非当事者からの嘲笑や蔑視として広く根づきながらも、同時に、規範的な社会からの排除・例外化の意味を転覆し、名乗りを取り戻すようなポジティブな側面もあっただろう。

　作中の年代を放送当時とする場合、ハイジは一九七〇年代半ばに生まれた。八〇年代から九〇年代に幼少期から青年期を送ったハイジが、同性愛属性をもつシス男性である狭義のゲイと、今でいうトランス女性とを厳密に分けきれずに（レズビアンやトランス男性らも含め）「ゲイ」とまとめられていた六〇年代から七〇年代の時代背景からの影響を受けていた可能性はある。さらに、ニューハーフという水商売・風俗業に従事するトランス女性らを指す呼称は八〇年代に生まれたと言われている。[4] つまり、トランスジェンダーという言葉自体が日本では一般的ではなかった時代にアイデンティティを形成し、パティシエという専門職についているハイジが、社会的に劣位に置かれやすいセックスワークの意味合いを含む「ニューハーフ」を拒絶してゲイと名乗った可能性があるのではないかと想像する。

　表参道のビルの屋上という格安物件を見つけた主人公の田中たま子が、無職の友人・知人・元同僚らに呼びかけてオープンの準備を進める第二話、こうした会話が出てくる。

「え、ここの屋上でゲイバーやるんすか!?　新しいっスね！　あれじゃん、「いらっしゃいませ、カンパーイ、おティンティーン」、みたいなやつっスよね？」

「部長お尻隠した方がいいですよ」

「部長、わたしもね、ニューハーフの店行ったことありますよ」

「あたし、ニューハーフじゃないわよ。女装好きのゲイ」

「どう違うの？　ついてるの？　ついてないの？[5]」

　このやりとりからは、トランス女性とシス男性のゲイを、「出生時に割り当てられたジェンダーが同じ」という点からひとつにまとめ、さらに性的に旺盛で驚異的な存在（男性器や肛門周囲に性的欲求を抱いたりなんらかのセクシュアルな接触をしようとするもの）と見なす、暴力的な一般的理解の根深さがうかがえる。シスを「普通」「一般的」とし、名指され、名乗り、自覚する必要がない社会で、「男性」として同化できるゲイの人々が、新宿二丁目などのコミュニケーション空間で「オカマ」「オネエ」として限定的に非規範的なジェンダーやセクシュアリティを楽しむ声が、メディアで広まることの余波は、シス・ゲイと同一視されやすいトランス女性らへと及び、常に特殊な存在として扱われる懸念を負う。同じ二話で、夜に買い物に出かけたたま子が自転車に乗る男性から胸をつかまれ、さらに「なんだババアかよ」と吐き捨てられるエピソードがあるが、仮に出かけていたのがハイジで同じことをされた場合、「なんだオカマかよ」と侮辱される可能性が想定できるように。

　五話は、そんな苛烈な経験を積み重ねてきたのかもしれない、それがゆえに人間との関わりにおびえて萎縮していると思われるハイジが、仕事を通して尊厳を回復する物語に焦点が当たる。ハイジは、亡くなった両親の写真の前に自分が作ったケーキを置いてこう言う。

「こんな仕事をしています。素敵な仲間がたくさんいます」

お金を稼げる、そうした技術がある＝社会的に優れているということを誇るというより、仕事によって社会に接点を持ち、ときにすれ違いながらも誰かと協働して生きていることに充実を感じ、胸を張れる体験として受け取れる。

ドラマの終盤、性暴力・ハラスメント被害にあった友人が訴えようとする、加害側の権力者に向かってたま子が言うセリフは、ハイジのようなマイノリティに対しても向けられた言葉として響く。「ここはお客さまにお食事を用意するための会社ですよね？　レストランにはいろんな人が集まります。人と人が集まるのは、見下ろしたり見上げたりするためじゃないですよね？　出会いにドキドキしたり言葉や心が通ったりすれ違ったりするのを楽しむため。思い出を家に持ち帰って眠る前にうれしくなるため。わたしたちの仕事は、テーブルをはさんで向かい合った人と人とのあいだに、おいしいごはんを用意することです」

ハイジが仕事や人間関係で誇りを得たように、「オネエ」「オカマ」として嘲笑の対象やトリックスターとしてバラエティで扱われたり、水商売や風俗などに従事するセックスワーカーとしての「ニューハーフ」が下位に見られたりするなどの、メディアで再生産されてきたステレオタイプなトランスジェンダー女性のイメージとは異なるあり方の延長線上に『女子的生活』（ＮＨＫ、二〇一八年）はある。トランス表象が少ない現在、シスジェンダーの人々同様に日常を営むトランス女性のみきを主人公に据える。さらにこのドラマを優れたものとしているのは、何げない生活に根を張る性にまつわる価値観や慣習を分析し、わたしたちが当たり前のように共有している「性別」という属性が、疑いようもなく存在するものではなく構築されたものである可能性を教えてくれる点だ。

神戸にあるファストファッションのアパレル会社に勤務する小川みきは、PRで運用するSNSに、肌寒い秋口だろうに「夏のおしゃれを使い尽くす」という薄着コーデを取り入れた仕事に相応しい服装の写真を投稿し、合コンで出会ったゆいの、無害に見えてほかの女性参加者たちより異性愛の文脈で男性からの「モテ」の視線を獲得するような、振る舞いや語りのテクニックを看過して「ほっこりナチュラル系な服装で手作りを重んじる生活観」と分析する。過去にみきが、元同居人で同じくトランス女性の、ヘアメイクの仕事をするともちゃんからコンプレックスをカバーするメイクテクを学んだというエピソードは、周囲を観察し、ファッション誌を読み、就労や就学にふさわしい、あるいは自分になじむようなメイクや服装を選ぶ、わたしたちが規範や相応しさに「同化」していく日常にも通じるだろう。周りに合わせるにしろズラすにしろ、「女の子はおしとやかに」と言われたり「見た目にこだわるなんて男らしくない」と言われるような規範を前提に、ジェンダー表現の習得や探求はされていく。

日常に浸透したジェンダー規範は、「男／女らしさ」の非対称性だけでなく、「シス／トランスジェンダー」間の権力構造も支えている。みきは、高校の同級生だった高山田と再会した際に「化け物」と蔑まれ、別の人物からもトランス女性でレズビアン（この物語は「女性ならば男性が好きなはず」という思い込みも軽やかにかわしている）であることについて警戒を示されるエピソードもある。こうしたトランス嫌悪《フォビア》を考慮すると、シスジェンダーであるとは単に「出生時に割り当てられた性別から移行する」トランスの逆という意味だけではなく、「トランスフォビアによって定期的に苦しめられていない（もしくは苦しめられる可能性を管理しなくてもよい）人のことを指すべき」(6)というエミコヤマの指摘が適当であり、トランスゆえに「苦しめられる可能性を管理」する日々の積み重ねによる疲労や先行きの不安にも、『女子的生活』はみきの描写を通してふれている。

周縁化された人々、マイノリティの物語のリプレゼンテーション（再現前性：「そこにいる」のだと象徴的に表すこと）が増えていくと、その存在についての連想性が高まり広まっていく啓蒙の効果や、同じ属性の人々が勇気づけられたりロールモデルとなることなどが期待できる。特に後者について、トランスジェンダーである俳優がトランスのキャラクターを演じるとき、シスジェンダーの俳優が演じる以上に、効果の膨らみがあるだろう。わたしたちは、自分のあり方や身体について、身近な人々だけでなく表象を含めた外部のイメージを通して認識していく、つまりマイノリティがメディアで可視化されないと「自分たちはないものとされている」と感じられる。物語のテーマとしてマイノリティが扱われるだけでなく、テレビドラマや映画といった視覚芸術・芸能産業の内部での就労や生き方の乏しさも、現実の課題として存在する。

主にアメリカでの、トランスである俳優たちを中心に発せられた「トランスジェンダーのキャラクターはトランスジェンダーである俳優に」という訴えも、映画やテレビドラマなどでの「トランスである人々の物語・キャラクターの少なさ」「配役の不均衡」「シスジェンダーを前提とする評価軸」「賃金格差」といった課題を捉えた労働環境の改善を求める動きとひとまず考えるのが妥当だ。[7]労働問題としてラヴァーン・コックス（『オレンジ・イズ・ニュー・ブラック』〔Netflix、二〇一三―一九年〕、『プロミシング・ヤング・ウーマン』〔監督：エメラルド・フェネル、二〇二〇年〕）やアンジェリカ・ロス（『POSE／ポーズ』〔FX、二〇一八年―〕）の交渉やジェン・リチャーズ（『メリー・アン・シングルトンの物語』〔Netflix、二〇一九年〕）の分析など、トランスだと公表する俳優たちの動きもこれまでメディアで紹介されてきた[8]。そうした背景のもと、二〇一六年にマット・ボマーがトランス女性のキャラクターに[9]、一八年にスカーレット・ヨハンソン[10]、二〇年にハル・ベリーがそれぞれトランス男性のキャラクターに配役されるという動きに対して、「トランスの役をトランスの俳優に」という声が上がった。一方で二〇年の日本語圏ツイッターでは、「俳優は自分とは異なる他者を演じるものなのだから、制限をかけると芸術的な自由が失われる」という趣旨の意見が散見され、焦点がズラされていたと感じる。

　その際、俳優論と芸術至上主義的な意見の根拠としてあげられた「男／女性が女／男性」を演じる例のほとんどは演劇で、しかし演劇は、映像とは異なるフィクション性が作られるという点には留意する必要がある。客席と舞台が空間的に切り分けられて、構造として虚構だとあらかじめ観客と共有されやすい演劇では、舞台上で俳優が椅子を指して「テレビだ」と言えば違和感なくそう思えてしまう。一方、映画やテレビドラマの場合は、わたしたちが生きている世界の延長線上の手ざわりが感じられ、観客側からも生々しさが求められる傾向にある。そのため、セットには椅子は椅子として、テレビはテレビとして置かれ、女性は女性を男性は男性を演じるのが基本だ。カメラを介した視覚芸術の表象は現実の延長線上として見え、つまりシスジェンダーを「当たり前」トランスジェンダーを「例外」とする社会の意識が反映されやすいということだ。

　トランスジェンダーについての説明で一般的によく見られるのは「心と身体の性が異なる」とい

うものだが、心の性別・身体の性別とは何か？という問いは省かれている。心や身体に「性別らしさ」すなわち「男／女らしさ」があるという言説に対して、性別役割分業などのジェンダー規範は不当だとフェミニズムの議論は批判してきた。さらに、「男／女」に人々を二分する、解剖学や生物学など「科学」の視点による「身体の性別（セックス）」さえも、なんらかの傾向や共通点が見られるとしても個別には必ずしも同じとは言えず、社会的に構築されていると、クィア理論を中心に批判的な議論が重ねられている。(11)産む／産ませるという生殖機能を根拠に女性や男性という身体があるはずだという一般的理解が共有されているけれど、すべての男性が精巣を持つとはかぎらず、持っていても機能しない、機能が乏しい場合もあるし、女性とされるすべての人々が出産できるわけでも卵巣や子宮を持つわけでもないということは、科学的知見からも論じられてきた。

しかし、わたしたちはこの社会で、背丈や骨格など身体の形、声質、語り方や振る舞いなどに対してなんらかの「性的な差異」があると信じている。そのシスジェンダー規範《シスノーマティヴィティ》にならって、すでに「男／女」という二元のカテゴリーを自明視した地点からさかのぼり「男／女とは何か？　その違いは？」という問いが立てられていると考えられ、身体を含めたジェンダーというシステム自体が「自然」ではなく構築されているという点には注意を払わなければならない。

シスノーマティヴな価値観によって、トランス女性の俳優が出演作の整音の際に実際の声より低くされたという話が『トランスジェンダーとハリウッド』でも挙げられている。すなわち、トランス女性には「男らしさ」があるはずだという価値観のうえで、そのように処理されたということ。

この作品では、ジェン・リチャーズらが、配役のアンフェアな事例として、トランスジェンダーのキャラクターであってもトランスである俳優がオーディションに呼ばれないという状況について証言し、単に「能力に値しない」ではない差別的構造・価値基準を分析している。トランスである人々は、（個々の顔つきや身体などの差はあるものの）出生時に割り当てられた「男／女」いずれかのジェンダー「らしさ」ではなく、もう一方の「らしい」、見た目や振る舞いといったジェンダー表現へと移行して属する社会のなかのジェンダー規範にならって同一化していく。こうしたトランスである人々の傾向は、シスノーマティブな視線によって「女より女らしい」「過度に男らしくしている」などの評価につながりうる。服装や髪形や振る舞いは、選択する「自由意思」や「センス」といったシンプルな話にまとめられ一般化されやすいが、「トランスらしさがあるはず」という有徴を探す視線による差別や暴力を避けようとする、生存のための同化という面も大きいはず。そうした背景は考慮されず、シスノーマティブな価値基準によって「トランスらしくない」という判断が下され、オーディションにさえ呼ばれないという事態を生む。そこには、シスジェンダーを「当たり前」とする価値観を内面化している視聴者の、トランス役には「トランスらしさ」≒「元の性別があるはず」だろうと、その気配・特徴（身体の形状、声の特徴など）を探そうとするまなざしが意識されているのではないか。物語を供給する側、プロデューサー、演出家、脚本家、俳優が、「それらしい」表現として「わかりやすく」作っていくことを志向するのはなぜか。そのこと自体も問い直す必要がある。

「Netflix」が配信している韓国のドラマ『梨泰院クラス』（JTBC、二〇二〇年）でイ・ジュヨンが演じたマ・ヒョニを「トランス男性」と紹介した記事[12]がある。これはおそらく、シスジェンダーの女／男性の俳優がトランスの役柄を演じることによって、「元女／男性」と見なされ、その移行先であるキャラクターのジェンダーはトランス男／女性だろう、という誤読が生じやすいということなのだと思う。

特に、見る側により現実に近いと受け取られる映像表現でシスである俳優がトランスを演じることの弊害は、こうしたメディアでの紹介記事や評論でミスジェンダリングを誘発するし、現実にも「トランスは元○性だ」とあげつらって、その人が一致させているジェンダーを尊重しない侮蔑的な行為とも地続きになりうる。(13)

テレビドラマや映画で「トランスだ」と告白する／暴露されるシーンが、「嘘をつかれていた」というシスジェンダー側の反応を描くことで「裏切り」という意味が含まれ、その現実への余波として、トランスは秘密を抱えていて告げるべきものであり、さらにその秘密は相手にとって問題となりうるという印象を植え付けるものだ、と『トランスジェンダーとハリウッド』でジェン・リチャーズは分析している。物語でのミスジェンダリングや、ジェンダーを明らかにしろと迫る行為、あるいは批評での「誤読」さえも、こうした刷り込みに加担し、ときにトランスの人々へ暴力を振るう根拠として視覚化される懸念がある。『問題のあるレストラン』のハイジへの侮蔑や、『女子的生活』のみきが不審がられるのはまさにそういう描写だが、これらの物語はその先に、居場所や自尊心の獲得とそのプロセスを織り込んでいる。

ジュディス・バトラーは、「覇権的な権力の形式」を反復しながら忠実な反復に失敗することで規範を意味づけし直すエイジェンシー（主体）の行使の可能性を示唆した[14]。この理論を用いてみると、トランスジェンダーやジェンダークィアな人々そのものを描く物語ではない、シスジェンダーの男女という二元論な（異性愛・家族主義的な）規範の物語やキャラクターからであっても、マイノリティたち個々が自分の人生や生活のなかで再現してみようと主体的に試みる後押しとなる要素は生まれるのではないか、と考える。その試みの多くはおそらくは失敗するだろうけれど、それでも。

スターの配役を前提にしていると言われる日本のテレビドラマ・芸能産業のなかでは、さまざまなしがらみや慣習に縛られてしまい、シス・ヘテロの男女二元論を中心に据えた物語を作らざるをえないかもしれないが、ここまで述べてきたように、そのどこかに、マイノリティが自分の物語が紡げる希望を見いだせるような点を打つことも可能ではないか。

アメリカのアカデミー賞が打ち出した二〇二四年からのノミネート選考の新基準[15]は、さまざまなマイノリティの俳優を出したり物語を扱え、という短絡的なものではない。主導的な立場であるプロデューサーや監督、スタッフ、これから業界で働こうというインターンに至るまで、さまざまなマイノリティである人々の雇用への配慮であり、その先に、クリエーションでの新しい（あるいは「ないもの」とされてきたが存在してきた）視点やアイデアが取り込まれる期待もあるのではないだろうか。これまでの、シスジェンダーで異性愛の白人（中産階級以上で就学機会や文化資本に恵まれた）男性を中心とする、「美」や「優れている」の価値基準の見直しは、物語、カメラ、照明などの技術的な更新も迫るかもしれない。俳優やスタッフとして従事するための教育・訓練を積む学校や現場そのものが、どういう人々を中心としてきたのか、問い直しも必要だ。

白人男性の批評家たちが黒人の、主に女性の批評を無視するかあるいはその言葉を収奪して自分たちの利益にしたり、白人中心的な視覚芸術の表現が黒人女性だけではなく黒人男性をセクシュアルな文脈で客体化してきたことなどを分析し、「美」の問い直しを試みているベル・フックスの議論を開き、考える。[16]本書の各章のうち、はたしてどれくらいのテキストが規範的な（シスジェンダーで異性愛主義的な）「男／女」を前提とした社会構造でテレビ番組やドラマが作られている、ということをふまえて書いてあるのだろうか、と。「シスジェンダー」という言葉が、単なる「トランスジェンダーではない」という意味、出生時に割り当てられた性別に違和感を持たない人といった意味にとどまらず、自然なカテゴリーとして問われることなく、また、トランス嫌悪、排除的な構造や差別そのものに直接的に苦しめられているわけではないのがシスである人々だという理解[17]をもつような人が、ほかの執筆者にもいるのだろうか、と。掲げてある「フェミニズム」はどういった「女性」が想定され、どういった多様な女性がこぼれ落ちているのだろうか？　単なる「男／女」の不均衡だけが想定されて「ジェンダー」という言葉が使われていないだろうか？　「シスターフッド」という言葉に、分離主義的な運動の歴史的背景があることは知られているだろうか？[18]さらに、仮にこうした点がふまえられたうえでマイノリティの表象について言及されるとしても、その言説の担い手がどのような立場の人なのか？　マジョリティによる拡散であるならば、その声・言葉はもともと聞かれることのなかったマイノリティのものだったと示される必要があるのではないか？　テレビや映画のジャーナリズム・批評の担い手の属性や言説の利益の還元先にも注意が必要であるはず。このテキスト自体、いくつかの多様な人々に言及さえできていないし、一人がひとつのテキストですべてをカバーできないとはいえ、[19] アカデミー賞の新基準のように、不完全であっても少しでも前進する努力を怠っていないだろうか、と自問する。

何年かにわたってわたしは、このテキストのような論点を拙い言葉で紡いできたけれど、「男／女」「シス／トランス、ジェンダークィア」といういくつかのジェンダーの権力勾配で、マジョリティである人々に取るに足らないものと見なされてきたように感じられるし、あるいは参照する価値がないものとされるような無視も経験し、このテキストで述べてきたような視点がどれだけの人々に届くのか不安が大きい。肯定どころか否定や批判・検証すらないと、なきものとされているように思えてならない。それでも、テレビに関するジャーナリズムや批評でも、マイノリティを意識し、関連する知識を持ち、そうして書いたものがマイノリティに還元されるような形で広がることへの期待をやめられない。わきまえながら、いくらか消極的な態度で希望を綴ってきたものの、ジェンダーやセクシュアリティでマジョリティの人々には「「いま、映像は世界をどのように切りとっているのか」という問いに対して、まずは黙って声を聴けと答えたい。わかったふりはやめて、目の前の人が話し出すまでの間を待つこと[20]」を求める岩川ありさの言葉を借りたい気持ちもある。すでに／常にあった声の力を奪わず、響かせる空間をまず作れと言いたくもなる。

このテキストを書いている最中に放送されているドラマ『その女、ジルバ』（フジテレビ系、二〇二一年）は、ブラジルの日系移民、戦争孤児、老いと労働・居場所、セックスワーク、貧困などのテーマにふれながら、歴史の縦軸と多様な女性たちを中心とする人々の交流の横軸を見事に紡ぎあげている。白人男性が監督し、白人男性を主人公とした映画『ストーンウォール』（監督：ローランド・エメリッヒ、二〇一五年）が、性的マイノリティの人権を訴える運動としてのプライドパレードの（象徴的な）祖とされる、一九六九年のストーンウォールの蜂起を実際に主導していたブラックアメリカンやヒスパニック系などのトランスジェンダーやゲイの人々が「なかったことにされている」と批判を受けた反省からかアメリカでは『POSE／ポーズ』のような、歴史を脱色せず、マイノリティにマイノリティ自身の物語を紡がせるよう努力したドラマシリーズも作られている。『ジルバ』は、既存の社会構造や価値観のままでも鈍感に生きられる人々＝マジョリティにとって取るに足らないものと周縁化されてきた声を、豊かなものとして見せることに成功している。いつもは朗らかなくじらママの戦争孤児としての経験の語りを主人公アララ／笛吹新《あらた》が聞くという、歴史の継承や、日本でも存在してきた／いるセックスワーカーたちの声に、[21]『POSE／ポーズ』を経由して『ジルバ』でふれると、よりマイノリティであるトランスの人々の物語も紡げる可能性があるはずだとわたしには感じられた。そして、周縁化されてきた人々の声が物語として象徴されるとき、現実に声をあげ続けてきた人／あげられなかった人々がどう生き延びてきた／いるのか、ということも忘れないでおきたい。

先日ある若手俳優と話す機会があり、「性別を割り当てる」という言葉の意味を尋ねられた。「トランスジェンダー」の説明として使われる「出生時に割り当てられた性別に一致しない、移行する」という文言に対する疑問だった。なじみのない言葉遣いをあざけるようなニュアンスはなかったし、おそらく学ぶ機会がなかった個人の素朴な疑問だったと思う。わたしは、限られた時間のなかで、このテキストでも繰り返してきた、ジェンダーという性に関わるシステムについてできるだけかみ砕いた説明を心がけたけれど、伝わるかどうか自信はなかった。その応えをこのテキストでも試みたいと取り組んだが心もとない。すでに規定の文字数を大幅に超えていて、それでも取りこぼしもあるだろうし、難解に思われてしまう懸念を拭えない。もっと似合う言葉があるのかもしれない。それでも、不足があっても、わずかでも届いてほしい。

周縁化されてきた人々の存在や視点を一般に開いていくためには、複数の力が必要だ。テレビドラマというカジュアルにふれられる視覚表現は、物語のなかで簡単に解決や回収できるようなものではないかもしれないのだけど、これまでふれられず解きほぐすのが難しいテーマであっても、既存の社会に穴を開け、風通しよく接点を作り、広がりをもたらす可能性を含んでいる。どうか、この言葉がどこかに届き、少しでも多くの、多様な立場・属性の人々の声が電波に乗って広がりますように。

注

(1)『トランスジェンダーとハリウッド——過去、現在、そして』監督:サム・フェダー、Netflix、二〇二〇年

（2）トランスジェンダー男性にも異性愛《ヘテロセクシュアル》である人々もゲイである人々も存在する。シスジェンダーについては注（6）を参照。

（3）このエピソードが出る第二話では、既存の「婚姻」という制度が女性と貧困という、ジェンダーと経済性の関わりにまで手の届くエピソードがある。クィアな人々と婚姻制度と運動の問題点については、同性婚の批判とともに詳しく書いているマサキチトセ「排除と忘却に支えられたグロテスクな世間体政治としての米国主流「ＬＧＢＴ運動」と同性婚推進運動の欺瞞」（[http://ja.gimmeaqueereye.org/entry/23399]［二〇二一年三月八日アクセス］）を参照（初出：「特集 ＬＧＢＴ――日本と世界のリアル」「現代思想」二〇一五年十月号、青土社）。

（4）三橋順子『女装と日本人』（講談社現代新書）、講談社、二〇〇八年

（5）この箇所を含めてセリフの引用は放送からの書き起こし。ここでの会話は一部省略している。

（6）「【文献紹介】エミ・コヤマ「『シス』は現実のものだ。たとえ、説明のされ方が不用意だとしても。」」「TRANS INCLUSIVE FEMINISM」（https://transinclusivefeminism.wordpress.com/2020/09/01/koyama2013/）［二〇二一年三月八日アクセス］

（7）鈴木みのり「「大物女優」をねじ伏せたＬＧＢ「Ｔ」の理想と現実」（https://toyokeizai.net/articles/-/230942）、「ＬＧＢ「Ｔ」をのけ者にする芸能界の〝暗黙の了解〟」（https://toyokeizai.net/articles/-/231073）「東洋経済 ONLINE」［いずれも二〇二一年三月二十三日アクセス］、「キネマ旬報」二〇二〇年九月下旬号（キネマ旬報社）所収のエッセイ、「経験と言葉が葛藤する身体」（早稲田大学演劇博物館「INSIDE/OUT――映像文化とＬＧＢＴＱ＋」展図録所収、岡室美奈子監修、久保豊編著、埋忠美沙／向井優子編、二〇二〇年）を参照。前二記事（編集部に委ねざるをえない煽るようなタイトルが悔やまれる）と、最後の論考では、日本におけるトランスジェンダーである俳優の可能性につい

て、『女子的生活』『POSE／ポーズ』や映画『親密さ』（監督：濱口竜介、二〇一二年）や濱口の演出論『カメラの前で演じること――映画「ハッピーアワー」テキスト集成』（濱口竜介／野原位／高橋知由、左右社、二〇一五年）を引きながら、検討している。

（8）スーザン・チェン「ハリウッドのトランス俳優たち――賃金格差への取り組み始まるが、まだ仕事探しに苦労」「Buzzfeed」（https://www.buzzfeed.com/jp/susancheng/transgender-actors-equal-pay-jen-richards-angelica-ross-dlo1）［二〇二一年三月八日アクセス］

（9）ボマーの配役への批判をジェイミー・クレイトンがツイッターに投稿したBBCの報道で、エディ・レッドメインが『リリーのすべて』（監督：トム・フーパー、二〇一五年）に配役されたことを「（トランスの経験や歴史の）搾取だ」と指摘する記事も紹介している（"Jamie Clayton and Matt Bomer clash over transgender casting in two new films"〔https://www.bbc.com/news/newsbeat-37230936〕［二〇二一年三月八日アクセス］）。クレイトンは『センス8』（Netflix、二〇一五―一八年）の主演の一人で、トランスの俳優の道筋を切り開いたと言える。

（10）トレイス・リセット（ドラマシリーズ『トランスペアレント』〔Amazon Prime Video、二〇一四―一九年〕出演後、『ハスラーズ』〔監督：ローリーン・スカファリア、二〇一九年〕にストリッパーの女性の一人として〔特にトランスだという説明もなく〕出演）やクライトン（現在は当該ツイートを削除）らが訴えた（Trace Lysette〔@tracelysette〕二〇一八年七月四日「Twitter」〔https://twitter.com/tracelysette/status/1014313678441668608〕［二〇二一年三月八日アクセス］）。

（11）例えばジュディス・バトラー『ジェンダー・トラブル――フェミニズムとアイデンティティの攪乱』（竹村和子訳、青土社、一九九九年）、加藤秀一『性現象論――差異とセクシュアリティの社会学』（勁草書房、一九九八年）。

（12）斉藤博昭「トランスジェンダー役はトランス俳優への米の論調に、草なぎ剛の新作のようなケースも今後は影響が？」（https://news.yahoo.co.jp/byline/saitohiroaki/20200908-00197193/）［二〇二一年三月八日アクセス］

（13）本テキストのゲラ校正中に日本アカデミー賞で、（トランス）女性を演じた草彅が最優秀主演男優賞を受賞した。その際、司会の羽鳥慎一から脱毛の役作りについて話を振られた草彅とのやりとりはネタ化されていた。「草なぎ剛、菅田将暉に会いたかったと明かす「小栗君もニノちゃんもだけど…」」「マイナビニュース」（https://news.mynavi.jp/article/20210319-1816858/）［二〇二一年三月二十三日アクセス］。テレビドラマや映画で、男性が女性を、女性が男性を演じることはないし、あるとしても一般的ではないと考えられるはず。なのにトランスジェンダーならば、男性が女性を、女性が男性を演じることは「演技的なハードル」で回収される。こうした不均衡や、余波としての前述のようなネタ化は、ある特定の人々への侮蔑となりうる。しかし、これが考えられるべき問題として広く共有されていないことに、わたしは絶望すら感じる。

（14）Judith Butler, *Bodies That Matter: On the Discursive Limits of "Sex"*, (Routledge Classics), Routledge, 2011、山田秀頌「トランスジェンダーの普遍化によるＧＩＤをめぐるアンビヴァレンスの抹消」（「ジェンダー研究——お茶の水女子大学ジェンダー研究所年報」第二十三号、お茶の水女子大学ジェンダー研究所、二〇二〇年）から孫引き。

（15）2021 Academy of Motion Picture Arts and Sciences「ACADEMY ESTABLISHES REPRESENTATION AND INCLUSION STANDARDS FOR OSCARS® ELIGIBILITY」「Oscars.org」（https://www.oscars.org/news/academy-establishes-representation-and-inclusion-standards-oscarsr-eligibility）［二〇二一年三月二十三日アクセス］

(16) ベル・フックス『アート・オン・マイ・マインド——アフリカ系アメリカ人芸術における人種・ジェンダー・階級』杉山直子訳、三元社、二〇一二年
(17) 注(6)を参照。
(18) 伊田久美子「シスターフッド」、井上輝子/上野千鶴子/江原由美子/大沢真理/加納実紀代編集『岩波女性学事典』所収、岩波書店、二〇〇二年
(19) このテキストで「トランスジェンダー」はトランス女性や女性的なノンバイナリーらを想定してきたが、トランス男性らの物語も作られ、語られ、声が聞かれることをこの先に期待したい。わたしが注目しているのは、トランス男性かつユダヤ・中華系アメリカ人かつ聴覚障害をもつチェラ・マン(「Netflix」ドラマシリーズ『タイタンズ』〔ワーナー・ブラザース、二〇一八年—〕シーズン2出演)。
(20) 岩川ありさ「『恋とボルバキア』——ままならなさを沈黙させることはできない」、「総特集 現代を生きるための映像ガイド51」「現代思想」二〇一八年三月臨時増刊号、青土社。映画『恋とボルバキア』(監督:小野さやか、二〇一七年)に関する論考で、「多様性」「LGBT」がメディアを席巻する現在で、省略される人々の声や物語をめぐる重要な映画であり、論考だ。
(21) セックスワーカーとしてのトランスジェンダー女性の実態や、語り・声は畑野とまと「セックスワーカーは女だけじゃない! トランスジェンダー風俗嬢の現場レポート」(中村うさぎ編著『エッチなお仕事なぜいけないの?——売春の是非を考える本』所収、ポット出版プラス、二〇一七年)、尾崎日菜子「エイリアンの着ぐるみ」(「特集 フェミニズムとトランス排除」「女たちの21世紀」第九十八号、アジア女性資料センター、二〇一九年)、「帰ってきたみふ子の真夜中日記」(https://kuroimtf.hatenablog.jp)〔二〇二一年三月三十一日アクセス〕などを参照。

あとがき

西森路代

テレビのことを書く仕事をしていると、「あんなくだらないものに向き合うなんてご苦労さま」というふうなことを言われることがある。

そう言われる理由もわかる。テレビでは、いまだに差別発言が平然と垂れ流されていたりするし、報じるべきことは報じられずに忖度ばかりしているというイメージが大きいし、それはある意味では本当のことだろう。ついこの間（二〇二一年三月）も、「YouTube」で公開された『報道ステーション』（テレビ朝日系、二〇〇四年―）のコマーシャルで、女性が「どっかの政治家が「ジェンダー平等」とかって　スローガン的にかかげてる時点で　何それ　時代遅れって感じ」と語る動画が物議を醸したばかりだ。

こうした事実を批判していかないといけないことはもちろんだが、一方で、ひっそりと深夜に放送されているドキュメンタリーには、国内外にある問題に向き合い、ときに鋭く追及しているものもあれば、表向きはラブコメディーやファンタジーだが、実はこの世に生きる人々の生きづらさを映し出したりしているものもある。

それらのよき作品を知らないなんてもったいないと言いたいわけではない。テレビの仕事をしている以上、多くの人がテレビを見ないと言っているその間に（それ自体はべつに責めるべきことではない。見ないと思わせたほうに責任があるのだから）、そしてテレビはそんなものと諦めている間に、テレビがおかしな方向にいくことは避けたいし、それに気づいたら指摘しないといけないという気持ちもあって、私は日本のテレビを見ているところがある。

昨今は、ネットの動画配信に人々の関心が移行しているから、テレビの影響力は以前ほどなくなったと思う人もいるかもしれない。だが、ネットの記事などは、テレビ番組やテレビタレントの発言を切り取ったものも多く、いい意味でも悪い意味でも影響力はあると思える。そこについては、本書の「まえがき」にもあるとおりだ。

まだ影響力があるからこそ、差別的なものや露悪的なものがあれば注視していかなくてはならないし、反対に、日本に存在するさまざまな問題に直接的であれ間接的であれ取り組んでいる番組があれば、その存在に光を当てることも必要だと考えている。

本書の企画については、「まえがき」のとおり私のこれまでの記事などを読んだから、として連絡をもらった。テレビを語るとき、自分の知識ではもちろんすべてを語ることはできず、さまざまな専門家や書き手の文章を自分自身も読みたいと考え、編集部と話し合った。

私が担当したのは、お笑いやドラマの全体像を示すパートが中心で、その原稿枚数も多くなってしまった。自分自身がテレビ局の末席で（この表現はへりくだっているのではなく事実を書いたにすぎない）働いていたこともあり、どうしてもテレビの可能性を信じすぎている内容にもなってしまったかと思う。執筆を終えて振り返ると、より批判的な指摘こそがテレビの可能性を広げるのではないかという思いも芽生え、反省もしている。

最近、なにかというと、アメリカのアカデミー賞で韓国映画『パラサイト』(二〇一九年)が作品賞を含む四部門を受賞したときのプロデューサー、イ・ミギョンのスピーチを引き合いに出してしまうが、観客の厳しい批評の目が作品をよりよくさせるということはテレビについてもあてはまるだろう。本書の作品の豊かさを引き出す論考も、テレビを作っている人に届くことを願っている。

佐藤 結（さとう・ゆう）
映画ライター
映画を中心に韓国エンターテインメント全般についての記事を執筆。「キネマ旬報」（キネマ旬報社）で「WORLD REPORT 韓国」、「TVnavi」（産経新聞出版）ではコラム「韓流 Express」を連載中
共著に『韓国映画で学ぶ韓国の社会と歴史』（キネマ旬報社）

岩根彰子（いわね・しょうこ）
フリーランスライター
編集プロダクション勤務後、フリーになりライター、編集者として活動。「GALAC」（放送批評懇談会）などでテレビ番組に関するインタビューやレビュー原稿の執筆、映画レビュー、単行本の編集などを手がける

鈴木みのり（すずき・みのり）
1982年高知県生まれ。明治学院大学社会学部社会学科を中途退学。ジェンダー、セクシュアリティ、クィア理論・運動への関心から小説、映画、衣服について考えたり、文章を書いたり。2020年「wezzy」で「Black Trans Lives Matter」特集を企画、特別編集、執筆。「i-D Japan」「現代思想」「新潮」「ユリイカ」などにエッセイ、論考を寄稿。2018年、範宙遊泳『# 禁じられたた遊び』に出演

［著者略歴］
（以下、執筆順）

西森路代（にしもり・みちよ）
ライター
大学卒業後はテレビ局に勤め、30歳で上京。東京では派遣社員や編集プロダクション勤務、ラジオディレクターなどを経てフリーランスに。香港、台湾、韓国、日本のエンターテインメントについて執筆している
著書に『K-POP がアジアを制覇する』（原書房）、共著に『韓国映画・ドラマ――わたしたちのおしゃべりの記録2014〜2020』（駒草出版）などがある

清田隆之（きよた・たかゆき）
文筆業・恋バナ収集ユニット「桃山商事」代表
これまで1,200人以上の恋バナを聞き集め、「恋愛とジェンダー」をテーマにコラムやラジオなどで発信
著書に『よかれと思ってやったのに』（晶文社）、『さよなら、俺たち』（スタンド・ブックス）、桃山商事としての著書に『どうして男は恋人より男友達を優先しがちなのか』（イースト・プレス）など

松岡宗嗣（まつおか・そうし）
ライター・一般社団法人 fair 代表理事
政策や法制度を中心とした多様なジェンダー・セクシュアリティに関する情報を発信している
共著に『LGBT とハラスメント』（集英社新書）

武田砂鉄（たけだ・さてつ）
ライター
出版社勤務を経て、2014年からフリー
著書に『紋切型社会』（新潮文庫）、『芸能人寛容論』（青弓社）、『日本の気配』（晶文社）、『わかりやすさの罪』（朝日新聞出版）などがある。雑誌「文學界」「VERY」「暮しの手帖」「女性自身」などで連載をもつ。TBS ラジオで『アシタノカレッジ』金曜パーソナリティを務める

前川直哉（まえかわ・なおや）
社会学者・福島大学教員
ジェンダー／セクシュアリティの社会史の観点からメディア研究などをおこなう
著書に『〈男性同性愛者〉の社会史』（作品社）、『男の絆』（筑摩書房）など

「テレビは見《み》ない」というけれど
エンタメコンテンツをフェミニズム・ジェンダーから読む

発行――2021年4月23日　第1刷
2021年6月18日　第2刷

定価――1800円＋税

編著者――青弓社編集部

発行者――矢野恵二

発行所――株式会社青弓社
〒162-0801 東京都新宿区山吹町337
電話 03-3268-0381（代）
http://www.seikyusha.co.jp

印刷所――三松堂

製本所――三松堂

ISBN978-4-7872-3486-5　C0036